地球の歴史と超大陸事件

(×100万年前)

Ma	地質時代区分		ゴンドワナランド関連の地質事件	地球史の大事件
0	新生代	第四紀		氷河時代・人類の出現
2.6		新第三紀	日本列島がアジア大陸から分離(20Ma)	
23		古第三紀	インド亜大陸のアジア大陸への衝突・融合	恐竜絶滅・
66			とテチス海の消滅(55Ma)	巨大隕石落下事件
	中生代	白亜紀	ゴンドワナ大分裂開始(130Ma)	恐竜大繁栄
145		ジュラ紀	パンゲアの大分裂開始(170Ma)	
201		三畳紀	タリム、北中国地塊がパンゲアに衝突・融合	哺乳類出現
252			(パンゲアは最大規模に、240Ma)	生物大量絶滅
	古生代	ペルム紀		氷河時代
299		石炭紀	ユーラメリカがゴンドワナと衝突・融合し原パンゲアが誕生(330Ma)	爬虫類の出現
359		デボン紀	タリム、北中国地塊がゴンドワナから分離(〜400Ma?)	両生類の出現しだ植物群繁殖・森林の出現
419		シルル紀	北米地塊とバルチカが衝突、ユーラメリカの誕生(〜430Ma)	
444		オルドビス紀		生物の上陸開始
485		カンブリア紀		オゾン層の形成
541				カンブリア紀型生物群硬骨格生物の出現
	原生代	新原生代	東西ゴンドワナの衝突、大ゴンドワナ(パンティア)の誕生(600Ma)西ゴンドワナの形成(800〜550Ma)ロディニア超大陸の分裂開始(〜750Ma)	スノーボールアース多細胞生物
1000		中原生代	東ゴンドワナ、ロディニア超大陸の形成(1300〜1000Ma)	
1600		古原生代	コロンビア(ニーナ)超大陸の形成(2000〜1800Ma)	真核生物氷河時代
2500	太古代	新太古代	広範な変成作用と花崗岩の活動(〜2500Ma)	縞状鉄鉱床の発達海水・大気の酸化開始
2800		中太古代		ストロマトライトの発生地磁気の発生
3200		古太古代	ウル巨大大陸の形成(〜3200Ma)	最古の生命化石(原核生物)
3600		原太古代	最古のクラトン形成の証拠(3800〜3900Ma)	プレートテクトニクス開始海の誕生・大陸の形成
4000	冥王代			初期地球の完成
4600				

地球の歴史とゴンドワナ関連の地質事件　赤枠：重要な巨大大陸／超大陸事件、黄色ハイライト：地球表層環境関連事件、青色ハイライト：重要な生物関連事件（本文表1）。

ウエーゲナーの大陸漂移説

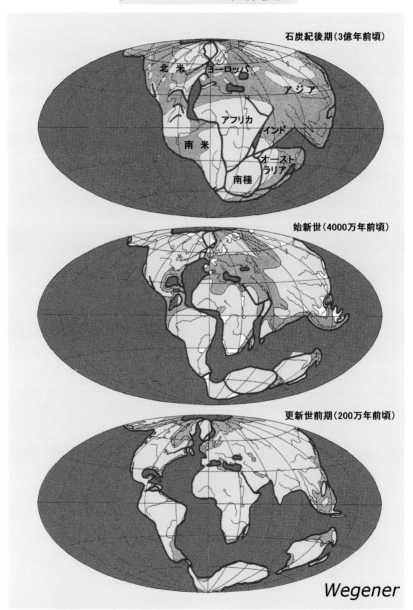

大陸漂移のスケッチ（ウエーゲナーの原図に加筆、本文図1）。

大陸移動の原動力

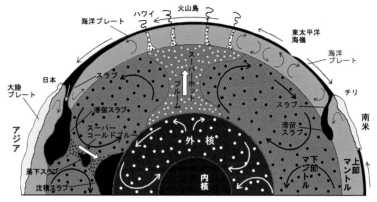

プレート、マントル、外核は関連して動いている（本文図3）。

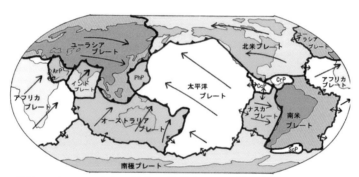

世界のプレート分布と拡大・移動方向。▲付き太線はプレートの
衝突境界（本文図4）。

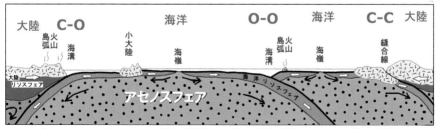

プレートテクトニクスの断面構造―3種の衝突境界、C-O：大陸 x 海洋、
O-O：海洋 x 海洋、C-C：大陸 x 大陸（本文図5）。

④

ゴンドワナ・パンゲア実在の証拠（地質）

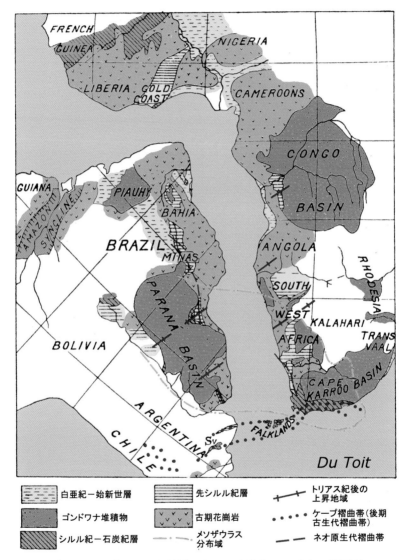

Du Toit

白亜紀ー始新世層	先シルル紀層	トリアス紀後の上昇地域
ゴンドワナ堆積物	古期花崗岩	ケープ褶曲帯（後期古生代褶曲帯）
シルル紀ー石炭紀層	メソザウラス分布域	ネオ原生代褶曲帯

デュトワはゴンドワナ対置によって南米とアフリカの地質が
よく繋がることを示した（本文図 10）。

ゴンドワナ・パンゲア実在の証拠（古生物と古気候）

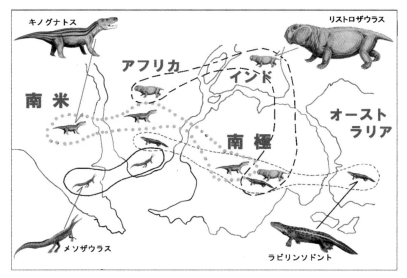

海を渡れない同じ動物の化石が各大陸から発見されている（本文図 14）。

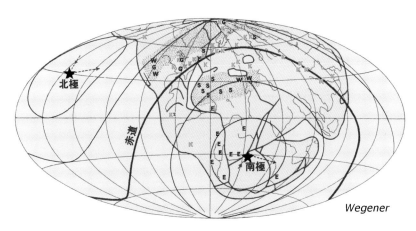

各大陸片の石炭紀の気候は、各大陸片を合体させてパンゲアを作ることで
当時の気候帯分布が成立する（本文図 16）。

大陸移動の証拠

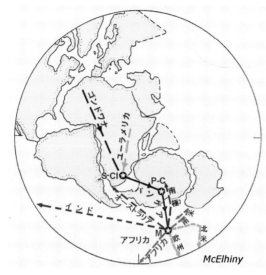

McElhiny

ゴンドワナ・パンゲアの各陸片で得られた古生代〜新生代の
古磁極移動曲線は、大陸の移動を証明する（本文図 24）。

ゴンドワナの誕生

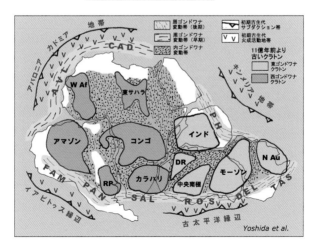

Yoshida et al.

ゴンドワナランドは約 7 〜 4.5 億年前の内ゴンドワナ変動と周ゴンドワナ変動
で誕生した（本文図 27）。

パンゲアの誕生と分裂

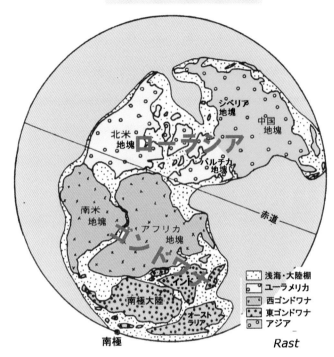

パンゲアはゴンドワナとローラシアの衝突・融合で3.3億年前頃に誕生し、
2.4億年前頃には最大面積に達した（本文図32）。

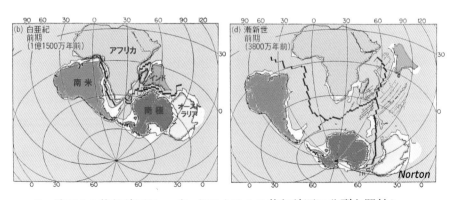

パンゲアは2億年前頃に、ゴンドワナは1.3億年前頃に分裂を開始し、
現在の大陸分布になった（本文図41）。

アジア大陸の成長から新超大陸へ

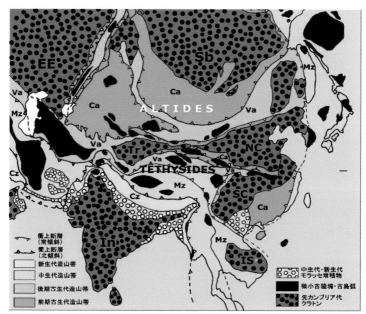

アジア大陸はゴンドワナから離れた陸片が原生代後期から新生代にかけて次々と衝突・合体して成長してきた（丸山・酒井, 1986 に加筆・修正、本文図 44）。

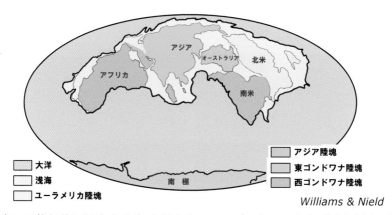

Williams & Nield

未来 2.5 億年後に誕生する（？）超大陸の 1 モデル "アメイジア"（本文図 45）。

6億年前、地球に
巨大大陸があった

ゴンドワナランドの集合・分裂とアジア大陸の成長

吉田 勝 著

東信堂

本文中で「＊」印が付されている用語は、巻末（131 頁）の「用語解説」に解説文のある用語です。

※表紙デザインはロディニア・ゴンドワナ超大陸の形成・分裂とアジア大陸の成長国際シンポジウム（ISRGA, 2001 年）市民講演会資料（IARGA 組織委員会）の表紙画像に加筆

はじめに

　ゴンドワナランド[*]は過去に実在した巨大大陸である。今から 11 億年ほど前に南極、インド、オーストラリアが集合して東ゴンドワナランド[*]が誕生し、6 億年ほど前に南米とアフリカを加えてゴンドワナランドとなった。3 億年前にはヨーロッパ、アジアと北米から成るローラシア[*]と合体して地球上すべての大陸を集めたパンゲア[*]超大陸[*]が誕生した。パンゲアは 2 億年ほど前に分裂を開始し、現在の 5 大陸分布ができた。将来 5000 万年後にはオーストラリアが日本を含むアジア大陸東南縁に衝突、融合し、さらにその後 2 億年ほど後には北米大陸もそれに加わると言われている。

　本書では、人類がそのような大陸の離合集散を認識するに至る中心的な役割を担ったゴンドワナランドとパンゲアの誕生から分裂、そしてアジア大陸成長のドラマを見る。

　本書の内容は筆者が大阪市立大学で 1 〜 2 年生を対象に提供してきた一般地質学[*]の講義をもとにまとめたものである。また、2001 年には大阪市立大学で国際シンポジウム「ロディニア、ゴンドワナ超大陸の形成・分裂とアジア大陸の成長」が行なわれ、世界 34 カ国から 300 人を超す第一線の研究者らが一堂に会して最新の研究成果を発表し、意見交換を行なった。この国際シンポジウムの後、超大陸の離合集散の研究はマントル[*]プルームや地球環境変動研究の進展と相伴って大きく発展して来た。

　地球史最近の巨大事件であり、地球環境の変動に大きく関わってきた超大陸の形成・分裂事件が広く認知されることを期待したい。

目次／6億年前、地球に巨大大陸があった
　　　——ゴンドワナランドの集合・分裂とアジア大陸の成長

　　　コラム1　アルフレッド ウエーゲナー
　　　コラム2　グリーンランドで遭難、人生を閉じたウエーゲナー
　　　コラム3　マントルプルームは五右衛門風呂
　　　コラム4　アフリカのリフトは動物王国

第2章　ゴンドワナランドとパンゲア実在の証拠 ………… 29

　　　コラム5　ゴンドワナランドの故郷、ゴダヴァリ谷
　　　コラム6　テーブルマウンテンのゴンドワナ累層群
　　　コラム7　氷河性堆積物
　　　コラム8　コアラはなぜオーストラリアだけに？

6億年前、地球に巨大大陸があった

—— ゴンドワナランドの集合・分裂とアジア大陸の成長

第1章
大陸漂移説とプレートテクトニクス

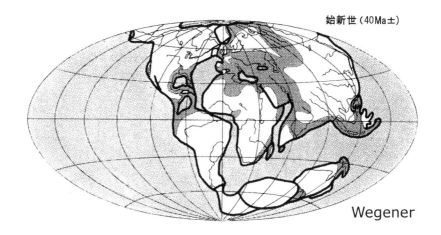

始新世（40Ma±）

Wegener

1912 年にウエーゲナーによって描かれた大陸漂移説は、その 50 年後、古地磁気学とプレートテクトニクス*の出現によってようやく広く世の中に認められるようになった。本章では今日認識されている全地球史の中でのゴンドワナ*とパンゲアの関係、ウエーゲナーの大陸漂移説の概要、プレートテクトニクスの示す大陸の分裂・移動の機構と原動力、大陸の集合・分裂事件を示すプレート境界における地殻変動を解説する。

1. パンゲアとゴンドワナランド

　古代ギリシャ語で"全地球"を意味するパンゲアは、ウエーゲナー（コラム 1）の大陸漂移説（大陸移動説*とも言われる）で約 3.3 億年前〜 1.5 億年前に地球上の殆どすべての大陸が集合していたとされた超大陸であり、ウエーゲナーが名付け親である。

　ゴンドワナランドはパンゲアの南半部で、アフリカ、南米、オーストラリア、南極及びインド亜大陸（本書ではこれらをゴンドワナ大陸片と呼ぶ）が集合して約 6 億年前に誕生した巨大大陸である。北半球でも少し遅れて 4.5 〜 4 億年前頃に北米とヨーロッパが合体しユーラメリカ*巨大大陸が誕生し、両巨大大陸及びシベリア地塊が約 3.3 億年前に合体してパンゲア超大陸となった。パンゲアは約 1.5 億年間存在し、中国の諸地塊も集めて巨大化した。そして今から 2 億年前頃に分裂を開始して現在の世界地図に見る大陸分布となったのである。（**表** 1、**図** 1）。

　ゴンドワナランドはジュースが 1885 年[1]に命名したと言われる。語源はインド中東部のゴンドワナ地域[2]*に由来する。この地域に特徴的な古生代〜中生代の地層であるゴンドワナ累層群*が、広く他のゴンドワナ大陸片*にも分布することがわかったからだ。ジュースのゴンドワナランドは、南大西洋

1　E. Suess が 1885 年に著した書物「Das Antlitz der Erde I」。
2　「ゴンドワナ」は元々はサンスクリット語で、この地域の原住民ゴンド族の住む森或いは土地を意味するという。

表1　地質時代とゴンドワナ関連事件

(×100万年前)

Ma	地質時代区分		ゴンドワナランド関連の地質事件	地球史の大事件
0	新生代	第四紀		氷河時代・人類の出現
2.6			日本列島がアジア大陸から分離(20Ma)	
23		新第三紀	インド亜大陸のアジア大陸への衝突・融合	恐竜絶滅・
66		古第三紀	とテチス海の消滅(55Ma)	巨大隕石落下事件
	中生代	白亜紀	ゴンドワナ大分裂開始(130Ma)	恐竜大繁栄
145		ジュラ紀	パンゲアの大分裂開始(170Ma)	
201		三畳紀	タリム、北中国地塊がパンゲアに衝突・融合	哺乳類出現
252			(パンゲアは最大規模に、240Ma)	生物大量絶滅
	古生代	ペルム紀		氷河時代
299		石炭紀	ユーラメリカがゴンドワナと衝突・融合し	爬虫類の出現
359			原パンゲアが誕生(330Ma)	
		デボン紀	タリム、北中国地塊がゴンドワナから分離	両生類の出現
419			(〜400Ma?)	しだ植物群繁殖・森林の出現
444		シルル紀	北米地塊とバルチカが衝突、ユーラメリカの	生物の上陸開始
		オルドビス紀	誕生(〜430Ma)	オゾン層の形成
485		カンブリア紀		
541			東西ゴンドワナの衝突、大ゴンドワナ(パノティア)の誕生(600Ma)	カンブリア紀型生物群硬骨格生物の出現
	原生代	新原生代	西ゴンドワナの形成(800〜550Ma)	スノーボールアース
1000			ロディニア超大陸の分裂開始(〜750Ma)	多細胞生物
		中原生代	東ゴンドワナ、ロディニア超大陸の形成	
1600			(1300〜1000Ma)	
		古原生代	コロンビア(ニーナ)超大陸の形成	真核生物
			(2000〜1800Ma)	氷河時代
2500	太古代	新太古代	広範な変成作用と花崗岩の活動(〜2500Ma)	縞状鉄鉱床の発達海水・大気の酸化開始
2800		中太古代		ストロマトライトの発生地磁気の発生
3200		古太古代	ウル巨大大陸の形成(〜3200Ma)	最古の生命化石
3600				(原核生物)
		原太古代	最古のクラトン形成の証拠(3800〜3900Ma)	プレートテクトニクス開始
4000	冥王代			海の誕生・大陸の形成
4600				初期地球の完成

地質時代区分と年代はオッグら(2012)による。灰色枠は重要な超大陸・巨大大陸事件、地球史の大事件は丸山・磯崎(1998)を参考にした(巻頭カラー図集)。灰色ハイライトは重要な生物関連事件と地球表層環境関連事件で巻頭カラー図参照。

6

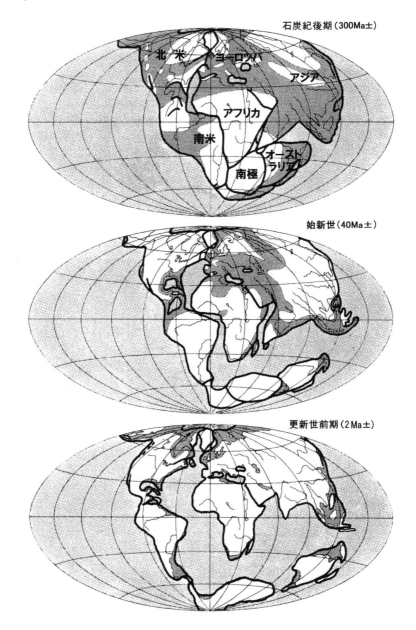

石炭紀後期（300Ma±）

始新世（40Ma±）

更新世前期（2Ma±）

図1　パンゲアとその分裂

（Wegener, 1966[3] の原図に加筆、巻頭カラー図集）。

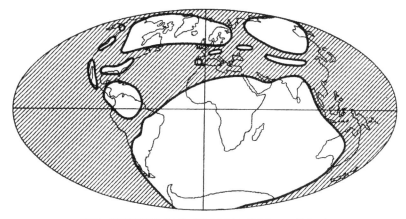

図2　陸橋説者らのゴンドワナランド（ウエーゲナー）

とインド洋を埋める陸地によって全てのゴンドワナ大陸片を一体とした巨
大大陸を想定したものであった。このようなゴンドワナランドは、1800年代
半ばから認識され始めたゴンドワナ大陸片間の同一の生物・古生物種や地
層（ゴンドワナ累層群）分布について（これについては後に詳述する）、古生物学者
らが各大陸を結ぶ陸橋[*]を考えていたこともあり、広く認められていたと思
われる。図2はそのような陸橋説[*]によるゴンドワナランドの例をウエーゲ
ナーが示したものである。従って、大陸片[*]同士が直接に接合していたとす
るウエーゲナーのゴンドワナランドとは全く異なる仮想巨大大陸であった。

2. ウエーゲナーの大陸漂移説

　ウエーゲナーが大陸漂移説を思いついたのは1910年のことで、世界
地図で大西洋を挟む両側の大陸の海岸線が見事に合致することを発見し
た故であったとウエーゲナーは述べている[4]。最初はただ面白いと思って
眺めたに過ぎなかった彼に探求の火をつけたのは翌1911年、南米とア

3　原著は第4版1929年発行だが、本図は1966年の英語版による。

4　世界地図を眺めて南米とアフリカの合致を思いついたのは、実はウエーゲナーが最
　初でなく、1600年代からいろいろな人がそのような考えを示していた。

フリカの古生物分布を説明する陸橋説との出会いであった。南半球の諸
大陸の古生物分布が、これらの大陸を陸橋で結んだゴンドワナランド（例
えば上記図2）の存在なくして説明できないことは上記のように1800年
代半ばから主張されていたのであった。ウエーゲナーは、これが陸橋で
はなく、もともとの大陸同士が直接に接合していたためであると考えた
のである。そして同様に北米とヨーロッパも接合できるとして、結極す
べての大陸を接合させた超大陸パンゲアを発想したのである。

　もともとの唯一個の巨大大陸が現在の6大陸分布になるのであるから、
巨大大陸は分裂し、分裂した各大陸片は現在位置まで地球表面を移動し
て来なければならない。ウエーゲナーは、約3億年前の超大陸パンゲア
が1.5億年ほど前に分裂を開始して現在の大陸分布になったと考えられ
ることを1912年に発表し、その後当時得られていた地球物理学、地質学、
気候学、古生物学など広範な分野の研究結果を総合して『大陸と海洋の
起源』と題する大著を1915年に発表した。『大陸と海洋の起源』はその
後1929年の第4版まで、次々と新しい研究成果を取り入れて版を重ね
た[5]。彼はその説を大陸漂移説（ドリフトセオリー）と呼んだのである。

　大陸漂移説は発表当時大きな反響を呼び、1920年代には賛否両論が
いろいろなデータと共に出されており、1922年出版の『大陸と海洋の起
源』第3版は日本を含む6カ国で翻訳・出版されている。しかし、地質
学界や地球物理学界では「大陸が動くはずはない」「大陸を動かす力はあ
り得ない」との反発が強く、1930年にウエーゲナーがグリーンランドで
遭難死（**コラム2**）した後は、南半球（ゴンドワナ大陸片地域）以外の世界の
地学関連学界では、半ば捨て去られた説となっていた。そして、1950
年代後半に古地磁気学が過去の陸地移動を明らかにし、1960年初頭に
海洋底の新生・拡大が明らかにされ、大陸の移動が広く認識されるよう
になって、改めて息を吹き返したのである。

---

[5]　最近はBiramによる第4版の英訳書（1966年）が広く利用されている。

3. プレートテクトニクスとプルームテクトニクス
——大陸移動のメカニズムを覗く

　ウエーゲナーの大陸漂移説が広く受入れられなかった原因は、なんと言っても大陸移動の原動力とメカニズムについて説得力のある説明を与えられなかったからである[6]。1960年代初頭にディーツやヘスらによって示された海洋底拡大説*から始まったプレートテクトニクス[7]は、地球表層における大陸移動のメカニズムを明らかにした。ウエーゲナーの大陸漂移説は俄然息を吹き返したのである。そして、1980年代から次第に明らかにされたマントル全層におよぶ巨大熱対流*システムは、1994年に丸山[8]らによってプルームテクトニクス*としてまとめられ、地球内部におけるマントル流動がプレートテクトニクスの原動力として働く様相が見事に描かれた[9]。以下に地殻*とマントルの有機的な運動を示すプレートテクトニクスとプルームテクトニクスのさわりを覗くことにしよう。図3には、この地球規模テクトニクス*の概念を示した。

　地球規模テクトニクスを理解するには、まずは固体地球全体の概要をつかむことからだ。地球の気圏、水圏と生物圏*を除く固体地球は、表層から中心部に向かって、硬い地殻とマントル最上層部からなるプレート*（厚さ50～100kmでリソスフェア*とも呼ばれる[10]）、アセノスフェア*（100

6　第2章で明らかなように、ウエーゲナーによってパンゲアの存在は殆ど疑問の余地無く示されていたのである。パンゲアの存在と、現在の大陸分布からは大陸の移動もまた当然である。それにも関わらず移動の機構や原動力がわからないから大陸移動を認めないということは、人の老化の機構がわからないから、人は老化しないものだというような主張に通ずるところがあるとさえ筆者には思える。

7　上田(1978)に判りやすい概説、上田ら(1979)に詳しい解説がある。

8　丸山茂徳(1949-)、元東京工業大学教授、プルームテクトニクスの提唱(1994)、地球寒冷化論(2008)など。

9　丸山ら(2011)が詳しい過程を示している。

10　古い大陸地殻の下に存在するテクトスフェアを入れると厚い大陸プレート*は300km以上の厚さをもつ。

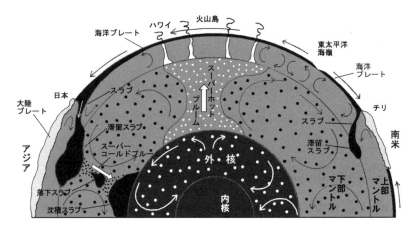

図3 プルームテクトニクスとプレートテクトニクス概念図

丸山 (1994) と Maruyama et al. (2007) ほかを参考に作図 (巻頭カラー図集)。

〜 200km) と漸移層[*] (300 〜 400km) から成る上部マントル、マントル主部 (2200 〜 2300km)、外核 (約 2200km) と内核 (約 1300km) でできている。地球は内部ほど高温・高圧で、中心部の温度は約 5500 度 C、364 万気圧である。地球内部ほど温度・圧力が高いことと、地球内部に向う温度圧力条件の変化に対する岩石・鉱物の物性変化があって、プレートは固体、アセノスフェアは部分溶融してやや流体的、その他のマントルは固体、外核は流体で内核は固体となっている。地球内部の熱は地表に伝搬して冷たい宇宙空間に放出され続けるわけで、熱の運搬役はマントル対流だ。マントル主部は固体の岩石だが、地球深部の高温高圧条件下では微小速度で流動できる。外核で暖められて軽くなったマントルの熱い上昇流 (ホットプルーム[*]) はプレート下部にぶつかって火成活動を起こす一方、大部分は水平流となって広がり、上位のプレートと共に冷えて重くなって下降流 (コールドプルーム[*]) を作って沈み込んで行く。

　沈み込むプレートはスラブ[*]と呼ばれる。スラブは地下 660km の上・下部マントル境界付近で一時滞留する。滞留したスラブは下の方から周囲の温度圧力環境に適応した高密度岩石に変わって行き、適当な部分

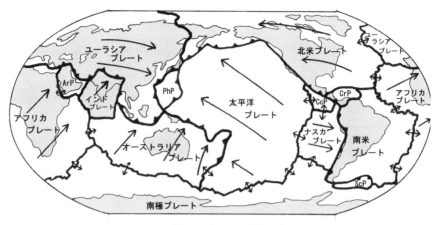

図4　世界のプレート分布と動き

太線はプレート境界で、▲付き太線は収束境界で▲は沈み込み方向、両矢印付き太線は発散境界。各プレート上の矢印はプレートの移動方向、マイクロプレートは省略してある（Dewey, 1972と吉田, 2019などを参考に編図、巻頭カラー図集）。

ずつがはがれて落下スラブ*となって下方に落ち始め、マントル下底まで落下して沈積スラブ*となる。冷たい落下スラブの落下・沈積はマントルと外核コアそれぞれの熱対流に大きな影響を及ぼしていると思われる[11]（**コラム3**）。結局、マントルの熱対流が地球表層のプレートを動かし[12]、或いはアセノスフェアを不均質に暖め、そこの熱対流に大きな影響を与えているわけである[13]。

　このようなマントルのホットプルームやアセノスフェアの熱対流がプレートを割って玄武岩*等の火山岩として地表まで出て来て海嶺や火山島を作る。海嶺*で噴出した玄武岩等は海洋プレート*となり、そこから両側に広がって行く。海嶺は地球上にいくつもあり、プレートもあち

11　多分遂次マントル底部に到着する冷たい沈降スラブがその下位の流体外核の熱対流に大きな影響を与え、地磁気*逆転や強弱の変動をもたらすのだろう。

12　プレートを動かす力は、マントルアセノスフェアの流れ、沈み込むスラブの牽引力、海嶺からの押しなどが考えられるが詳細はわかっていない。多分複合的であろうが、個々のプレートによってこれらの割合が違うこともありそうである。

13　アセノスフェアの流動の詳細は未だよくわかっていない。

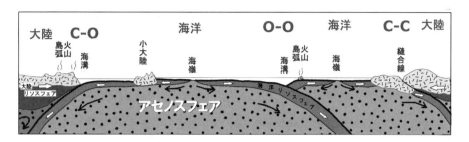

図5 プレートテクトニクスの断面構造と3様の衝突（収束）境界

O-O: 海洋プレート・海洋プレート収束境界、C-O: 大陸プレート・海洋プレート収束境界、C-C: 大陸プレート同士の収束境界。プレートの発散境界では海嶺と火山活動が、収束境界ではプレート（スラブ）の沈み込みと地表の海溝地形や火山活動が見られ、造山運動が進行する（巻頭カラー図集）。

こちで形成される。このようにして地球表層は十数枚のプレートによって覆われており、それぞれのプレートはその発生と成長の歴史を引きずってお互いに離散・衝突あるいはずれ動いているのである（図4、5）。

　プレート分離の場所には膨大な火成活動があり、大陸を割るリフト[*]や中央海嶺[*]などができ、そこから海洋プレートが成長する。プレート衝突のところはいずれかのプレートがスラブとしてマントルに沈み込み、地球表層では海溝[*]ができ、造山運動があり変成作用[*]や火成活動が行われ、やがて大山脈ができる。つまり、地球表層の大規模地殻変動にはプレートの動きが基本的な役割を担っているのである。このプレートの動きとそれがもたらす地殻の変化とそのメカニズムがプレートテクトニクスである。一方、そのプレートの動きの原因となっているマントル底部から上層部にかけての動きと、そのプレートテクトニクスへの影響の全体像をプルームテクトニクスと呼んでいるわけだ。プレート境界で起こるいろいろな地殻変動については次節で述べる。

4. プレート境界における地殻変動

プレートの発散境界

　プレートが分かれているところ、つまりそこから海洋プレートが生産

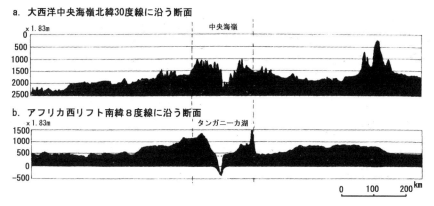

図 6a 大西洋中央海嶺　図 6b アフリカ西リフトの断面
縦横比は 40:1 (Heezen, 1969)。

され、両側に広がっていくプレートの割れ目はプレートの発散境界[*]と呼ばれる。プレートの発散境界やその周辺はホットプルームやアセノスフェアの熱上昇流によってプレートに大規模な割れ目ができ、激しい火山活動が起こるが、それは多くの場合玄武岩である[14]。そこではプルームの上昇流に加えて、プレート自体が周囲のプレートに比較して温度が高く、従って比重が小さいために広く盛り上がった地形を作り、盛り上がりの真ん中に割れ目ができて玄武岩の火成活動によって海洋地殻ができ、地殻は広がって行くことになる。アフリカのリフト (**コラム 4**) や大西洋中央海嶺はその典型的な地形を示している (**図 6a、b**)。

　ところでプレート発散境界である中央海嶺では、中央海嶺に直行する横ずれ断層[*]が多数発達している。これはプレートの拡散軸が一直線に並ばないために発生するトランスフォーム断層と呼ばれる特別なプレートの初生断層[*]である (**図 7**)。つまり、プレートの発散境界は必ずこのトランスフォーム断層を伴うのである。北米西岸沿いの地域でよく大地震を起こすことで有名なサンアンドレアス断層[*]はこのようなトランス

14　中央海嶺の火山活動のほか、後述 (第 5 章 3) の洪水玄武岩[*]の活動はその例である。

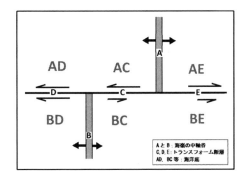

図7　トランスフォーム断層のできかた

AとBで同時に海嶺が発生すると、A-B間には左横ずれ断層Cが発達する。つまり、断層Cでは地殻ACとBCは逆方向に動く。一方ADとBDやAEとBEでは地殻の移動方向が同じになるのでA、B両海嶺の両側の地殻の移動速度が同一ならばD及びEでは断層は発生しない。しかし、もし地殻BC=BEの動きがAEよりも小さいときは断層Eは右横ずれ断層となり、大きいときは左横ずれ断層となる。断層Dも同じ現象が起こるわけである。多くの場合トランスフォーム断層の両側の地殻の動きが同一ということはないので、トランスフォーム断層には海嶺を横切って遠くまで伸びているものが多いのである（Wilson, 1965を参考に作図）。

フォーム断層*が陸上に連続した例である。

プレートの収束境界

　プレート同士が衝突するプレート境界は衝突境界とか収束境界と呼ばれる。ここでは一方のプレートが他方のプレートの下にもぐりこみ（この潜り込みのことはサブダクションと呼ばれる）下降流となって上部マントル下底まで流れて行く。この収束境界ではいろいろな地殻変動が起こるので一般に造山帯*となる。実際の変動の様相は収束する両側のプレートの性質、沈み込み角度やスピード等によって千差万別といえるほど様々であるが、以下には一般に理解されるような典型的な変動を示そう[15]。

　海洋プレート同士の収束境界：海洋プレート同士の収束境界では、沈み込むプレート（スラブと呼ばれる）とその上盤のプレートの地表での境

15　丸山ら（2011）が詳しく解説している。

界付近は、冷えたスラブ自身の大きな比重と沈み込みの引きずりによって、地球表面地形には大きく下方に沈んだ海溝ができる(**図8a**)。

　沈み込んだスラブは含水鉱物を多量に含んでいるために、地下数十kmの高温条件に曝されると脱水し、その水分はスラブの玄武岩等や直上のアセノスフェアの熔融を促し[16]、マグマ*を作り、マグマは地表に噴出して火山島弧*を作る。一方脱水したスラブはさらに沈降を続け、途中660km深の上・下マントル境界付近で一時停滞し、比重の高い高圧鉱物を含む岩石(エクロジャイト*など)に変化して落下スラブとなって再び沈降し始め、マントル下底までたどり着くことはすでに述べた。このような沈み込むスラブを含むマントルの下降流はコールドプルームと呼ばれる[17]。

　大陸プレートと海洋プレートの収束境界:ここでは重い海洋プレートが軽い大陸プレートの下に沈みこみ、両プレートの境界付近には海溝ができる[18]。スラブ沈み込みの影響でひき起こされたマグマ活動は大陸の縁辺に火山列を持つ陸弧*を作る(**図8b**)。陸弧ではアセノスフェアで発生したマグマが大陸地殻といろいろとやり取りをするので酸性から塩基性のいろいろな火山活動となる。とりわけ地表では安山岩*、地下では花崗岩*の活動が圧倒的に多い。これは現在の南米西岸に見られる地殻過程である。

　スラブの沈み込み具合によっては陸弧が大陸からはがされて島弧になり、その背後に海が広がることがある[19]。この海は縁海と呼ばれ、日本

16　岩石の溶融温度は水を含むと大きく下がる。例えば水を含まない玄武岩の溶融温度は1500℃ほどだが、十分に水を含むと1000℃以下で溶融が起こり始める。

17　プルームという語は一般に上昇流を意味するが、ここではMaruyama (1994)に倣った。

18　大陸プレートが沈み込む海洋プレートと一体となっている場合(図5のC-C 参照)には、大陸プレートも沈み込んで行く。

19　縁海形成の原因についてはスラブ沈み込みが引き起こすスラブ上位のアセノスフェアの2次流動とか、スラブの動きの変化などが指摘されて来たが未だよくわかっていない。

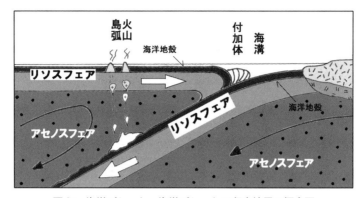

図 8a　海洋プレート・海洋プレートの収束境界の概念図
(本文参照)。[20]

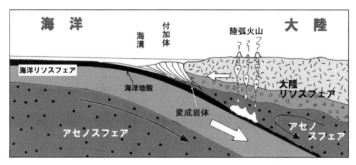

図 8b　大陸プレート・海洋プレートの収束境界の概念図
(本文参照)。

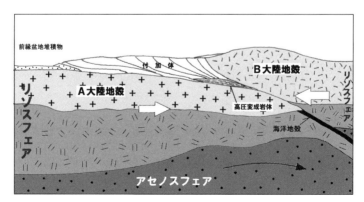

図 8c　大陸プレート・大陸プレート収束境界の概念図
(本文参照)。

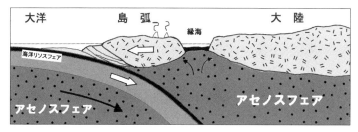

図9　大陸縁沈み込み帯における島弧と縁海の形成
（本文参照）。

列島と日本海はその良い例である（**図9**）。縁海はそのままどんどんと広がって立派な海洋になることもある。5億年ほど前のゴンドワナ北縁の周ゴンドワナ変動（第4章3）ではそのような事件が少なくなかった。古テチス海*や新テチス海*の一部はそのような縁海から生まれたのである。

　ところで大陸の縁辺の海側斜面（大陸棚*や大陸斜面*）には、その大陸から河川によって浸食・運搬された砂や泥（砕屑物という）からなる厚い堆積岩体が分布している。一方海洋底には元々の玄武岩層の上に深海泥*や海棲生物の遺骸が集積したチャート*や石灰岩*が堆積している。

　プレートの衝突地帯では、これらの堆積物がごっちゃにぶつかり、褶曲*し、重なり合った地質体*がよく発達する。このような地質体は付加体*と呼ばれ、厚さ数千mを超すものが多い。付加体の一部はスラブと共に地殻下部やさらにその下方に引きずり込まれて著しい剪断応力を受け、高圧・高温の条件に曝されて変成作用を受ける。片麻岩、結晶片岩*やエクロジャイトなどはこのような場所でできるのであり、広域変成帯*と呼ばれる数十kmから100kmを越す幅を持つ帯状の地帯が収束境界に平行して分布するようになる。

　収束帯では海側に高圧低温条件の変成帯、陸側に低圧高温の変成帯[21]

20　図8〜9はアンデル（1987）と丸山ら（2011）を参考に作図
21　低い地温勾配（例えば地下40kmで400℃）の場所では高圧低温の高圧型変成作用が、高い地温勾配（例えば地下20kmで600℃）の場所では低圧高温の低圧型変成作用が行

18

が平行して分布していることがあり、その場合はペアの変成帯と呼ばれる。日本列島の三波川変成帯[*]と領家変成帯[*]はその良い例である（Miyashiro, 1961）。このような異なる型の変成帯のペア[22]では、冷たいプレートの沈み込み帯と熱い火山帯というプレート収束帯の地殻・プレートの構造とその運動が反映されているのである。

大陸プレートと大陸プレートの収束境界：ここでも一方のプレートが他方のプレートの下にもぐりこむ。潜り込む方の大陸の前面に連続する海洋プレートが他方の大陸プレートに潜り込み、引き続いて大陸ももぐり込むことになるのである。軽い大きな大陸地殻がもぐりこむので、上磐の大陸プレートは大きく持ち上げられて広く高く上昇し、広大な台地をつくる（**図8c**）。潜り込んだインドプレートの上のチベット高原が良い例である。

一方、上盤プレートの前縁では激しい造山運動が展開する。両大陸の縁辺堆積物[*]は両大陸に挟まれて強い褶曲・断層作用[*]を被り、変形・厚化する。もぐりこんだ大陸地殻やその上の堆積物は強い変成作用を被り、高い圧力下でエクロジャイトなどの高圧型の変成岩になり、あるいはさらに高温条件に曝されて熔融し、ミグマタイト[23]や花崗岩をつくることになる。新生代のヒマラヤ造山帯[*]の形成はそのよい例である。ヒマラヤ造山については第5章4で詳しく見ることにする。

われる。

22 単一の低圧高温型変成帯中に高圧低温変成岩が残存している場合もあり、異なる型の変成作用が空間的に離れて行われるのでなく、時間的に離れて同一地帯に重複して行われる場合も少なくないとみられる。

23 変成作用で堆積岩等が部分的に熔解すると花崗岩質のマグマができる。これをミグマと呼ぶ。ミグマの固結物質を部分的に持つ岩石やミグマからできた花崗岩様の岩石をミグマタイトと呼ぶ。しかし、ある花崗岩がミグマ起源かどうか確認できない場合も少なくないので、そのような場合は単に花崗岩と呼ばれることが多い。

コラム1 アルフレッド ウエーゲナー

　ウエーゲナーは1880年、福音派牧師であったリカード・ウエーゲナーの5人兄弟の末子としてドイツのベルリンで生まれた。幼少期をベルリンで過ごし、兄のクルツと共に登山や自然観察などで野山に親しんだ。ハイデルベルグ大学で物理学・天文学・気象学を学びつつ、1902年にベルリン天文台で助手を1年間勤め、天文学博士号を取得した。1905年からは兄のクルツが勤める航空気象観測所の助手を勤めた。この間、気球による滞空競技会に兄と二人で参加して52.5時間滞空の世界新記録で優勝したこともあった。1906年からは2年間、デンマークのグリーンランド探検隊に参加した。この探検は隊長と隊員2人が遭難死するという過酷なものだったが、26歳だったウエーゲナーは大きな感銘を受け、その後グリーンランド探検にのめりこんで行くことになったようである。

　1908年にグリーンランド探検から帰国後、探検で得た気象データをW. ケッペンの指導を受けて取りまとめた。1909年から1918年の間はドイツマーブルグ大学に無給の講師として在籍し、気象学・天文学の講義を行った。大学でのウエーゲナーの講義は大変に明快で分かりやすいものだったと言われる。ウエーゲナーは講義を基に1911年に『大気の熱力学』を著した。この書はその後ドイツで広く標準テキストとして使われた。

　1912年、32歳になったウエーゲナーは大陸漂移説*の最初の論文3編を発表し、その後グリーンランド探検隊に参加して氷床*上で越冬観測を行なった。1913年にグリーンランドから帰国後にケッペンの娘エルザと結婚した。1914年には第1次世界大戦に予備役将校として参加し、2度負傷を被り、その後は1918年まで軍の気象予報係を勤めた。この間1915年には大著『大陸と海洋の起源』を上梓し

図C1　アルフレッド・ウエーゲナー
（グラーツ大学教授時代、Stuerzl, 2012より）

た。

1919年にはケッペンの後を継いでドイツ海洋研究所の気象部門責任者となり、同時にハンブルグ大学講師を兼任した。1924年にはオーストリアグラーツ大学気象部門の正教授となり、1931年までの間、この職にあった。この間、本業の気象・気候学の研究・教育にも力を注いだ。とりわけ地球史過去の気候変動についてはケッペンやミランコビッチとの共同研究や親交はよく知られている。『大陸と海洋の起源』は1920年、22年、29年と、次々と新しい知見を加えて大幅に改定して第4版まで発行された。1915年から29年までの14年間は、彼にとって公私共にもっとも充実して大陸漂移説に打ち込んだ期間であったであろう。

1929年と1930年にウエーゲナーは第3回目と第4回目のグリーンランド探検を実施した。そして第4回目の探検で遭難、帰らぬ人となった。

コラム2　グリーンランドで遭難、人生を閉じたウエーゲナー

ウエーゲナーは26歳の1906年から50歳になった1930年にかけて4回グリーンランド探検を行い、第4回探検で突然に人生を終えた。1910年に彼が大陸漂移説を発想し、1929年に『大陸と海洋の起源』第4版を完成した期間と重なっている。グリーンランド探検は彼の大陸漂移説の発想、構想の形成・充実と完成に至るエネルギーの源となったに違いないと筆者は思っている。以下に彼のグリーンランド探検を垣間見ることにしよう。

第1回目の探検

ウエーゲナーは1906年に地図の空白地帯だったグリーンランド北東海岸調査を目的とするデンマークの探検隊に気象担当として参加した。ミリウス・エリクセンを隊長とするこの探検隊は、大勢のデンマーク科学者に加えて大勢のグリーンランド人（イヌイット[24]）が100頭のそり犬を連れて参加していた。ウエーゲナーは唯1人のドイツ人だった。

1906年8月、北東海岸に調査基地の適地デンマーク湾を発見、接岸

24　かつてはエスキモーと呼ばれていたが、この語は差別用語とされて使用されなくなった。

して湾岸に越冬基地を建設した。ここで越冬観測の後、翌年の 1907 年
3 月、エリクセン率いる調査隊は 10 台の橇で出発した。グリーンラン
ド北端のペアリーランドまでの 600km の海岸線調査を 7 人で分担して
実施する計画であった（図 C2a）。

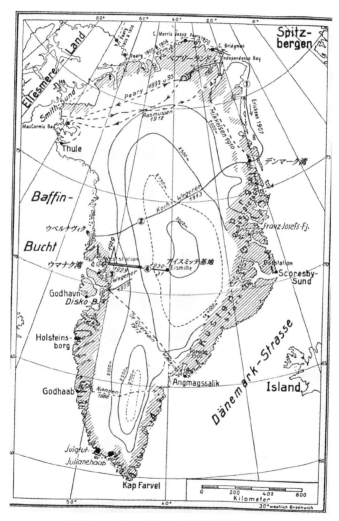

図 C2a　　ウエーゲナーの 4 回の探検ルート
①〜④の実線：第 1 回目〜第 4 回目のウエーゲナーの探検コース（Kehrt, 2013c に加筆）。

この調査隊に同行したウエーゲナーは途中から本隊と離れ、北東海岸南部の 400km ほどの部分を、J. P. コッホは北部の約 200km 部分を調査し基地に帰還した。しかし、中部の調査を分担したエリクセンの隊は複雑なフィヨルド*地形と不安定な海氷状態に難渋して大幅に予定が遅れ、ついに陸路で基地への帰還を目指したが橇犬も食べ尽して食料も尽き、エリクセンを含む隊員 3 人は 1907 年 10 月になって次々と遭難死してしまった。基地まであと 200km ほどのところであった。

この観測隊はしかし、その後も越冬観測・探検を継続し、当初の目的を完遂して 1908 年 7 月にデンマーク湾を発って帰国に向かうことができた。

第 2 回目の探検

1912 年〜 13 年のデンマーク隊による探検は、第 1 回探検でウエーゲナーの同僚であった J. P. コッホをリーダーとする 4 人のチームで行なわれた。北東海岸のデンマーク湾から上陸した探検隊は氷河末端の異常な動きに苦難を強いられ、コッホはクレバス*に転落して足を骨折し、1 ヶ月間、観測小屋でベッドを離れられなかった。しかし、氷床の末端に立てられたこの小屋でコッホはウエーゲナーら 3 人の隊員と共に越冬観測を行い、25m の氷床掘削にも成功した。氷床上での越冬観測と氷床の掘削はグリーンランドでは初めてのことだった。翌年の夏、チームは西海岸ウペルナヴィクまでの約 1200km の横断に成功した。しかし、ゴール直前数 km 地点で氷河のひどいクレバス帯に難渋し、食料が尽きた。最後の橇馬と橇犬を食べ尽くして飢餓遭難寸前だった彼らは、偶然に辺地訪問でフィヨルドを通った牧師の一行の船に救出された。

第 3 回目の探検

第 3 回目と第 4 回目のグリーンランド探検は、ウエーゲナーの計画により、ドイツ政府の肝いりで行われた。1929 年の 4 人チームによる第 3 回目の探検は翌年の本探検の準備行だった。

途中フィンランドで期待の新鋭プロペラ橇 2 台を購入し、グリーンランド西岸北緯 71 度付近のウマナク湾に到着し、翌年建設予定のウエストキャンプの適地を探索してカマルジュクフィヨルド沿岸に基地適地を決定した。また、プロペラ橇の試験運行をかねて数百キロの内陸ツアーも実施した。

第4回目の探検

　1930年の春、前年の第3回目探検メンバー4人を含む22人の科学者・技術者からなるドイツの探検隊は、リーダーのウエーゲナーの下、グリーンランド西岸のウマナク湾に入り、そこに西基地を建設した。探検隊には大勢のイヌイットも同行した。この探検隊の目的はグリーンランド中央部、北緯71度線に沿って西海岸、氷床中央部及び東海岸の3箇所に観測基地を作り、気象・氷河の通年観測を行なうと共に、人工地震による氷床の厚さと地質構造探査、氷床掘削による古気候研究であった。

　探検隊は例年にない厚い海氷に阻まれて上陸は予定より一ヶ月以上遅れてしまった。また、新鋭プロペラ橇は期待通りには活用できず、トランシーバーも故障して利用できなくなるなどのいろいろな悪条件があったが、ようやく7月に内陸氷床ほぼ中央の標高3000m、西基地から370kmの地点にアイスミッテ（Mid-ice）基地を建設し、越冬観測隊員2人を駐留させることができた。

　しかし、夏の終わりにアイスミッテ基地の隊員から燃料不足のため越冬できないとの連絡を受け、ウエーゲナーは9月24日、隊員ローウエと13人のイヌイットと共に犬橇に食料と燃料を積んでアイスミッテ基地に向かった。強い風雪でルートを示す5km間隔の旗は殆ど無くなっており、行程は難渋を極めた。気温は－60℃に達し、ローウエの足は酷い凍傷を被った。ウエーゲナーはイヌイット12人を途中で帰還させ、ローウエとイヌイットのヴィルムセンの3人で、10月19日にようやくアイスミッテ基地に着くことができた。

　しかしアイスミッテには5人が越冬できる食料はなく、ウエーゲナーは凍傷で動けないローウエを残し、ヴィルムセンと2人で11月1日、2台の犬橇でアイスミッテを出発して西海岸の基地に向かった。始めから犬用の餌は準備できず、走行しつつ犬を一匹づつ殺して残りの犬の餌とし、ついに橇1台となった。この状態でヴィルムセンは橇で、ウエーゲナーはスキーでツアーを継続したとみられている。しかし、2人はついに西基地に辿り着くことはできなかった。ウエーゲナーが先に倒れ、ヴィルムセンはウエーゲナーの遺体をそこに埋めてスキーを立てて目印とした。ヴィルムセンはその後西海岸の基地に向かった筈だが、彼の姿はその後どこにも見つかっていない。

図 C2b　ウエーゲナーの墓標、2 台のプロペラ橇が写っている。
（Kehrt, 2013C から）。

　翌年の 5 月、ウエーゲナーの兄のクルツ・ウエーゲナーが率いる調査隊はアイスミッテ基地への途中 200km ほどの地点でウエーゲナーのスキーを発見した。アイスミッテ基地でウエーゲナーが居ないことがわかり、引き返してウエーゲナーのスキーの下を掘って遺体を発見した。クルツらはそこに再度遺体を埋葬し、氷で墓標を作った。

　後日、ドイツ政府は遺体をドイツに運んで国葬すると決定したが、ウエーゲナーの妻は、ウエーゲナーが愛したグリーンランドにそのまま埋葬して欲しいと希望した。ウエーゲナーとヴィルムセンはグリーンランド氷床の雪氷数十ｍ下（100m より深いとの意見もある）に眠っている。グリーンランドの雪氷原に埋葬された彼の遺体は、氷河の流れに乗り、ゆっくりと西に流れている。氷床の流れは年間数十cm程だから、数十万年後には 200km 西の海岸にたどり着き、氷山となって太平洋に浮かぶということになるだろう。

コラム3　マントルプルームは五右衛門風呂

　大泥棒の石川五右衛門が豊臣秀吉によって釜茹でにされたと云う話

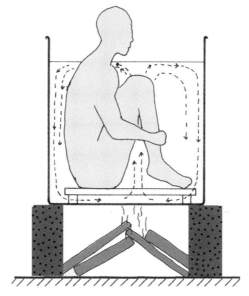

図 C3　五右衛門風呂

風呂の湯はマントル、下の焚火は熱源の外核ということになる。

にちなんだ五右衛門風呂は、ドラム缶にたっぷり水を入れて焚火で下から温めて人が入る。下から暖められたお湯は上昇する。その分、温まっていない水は下降流を作る。筆者も昔、山小屋で入ったことがあり、今でも日本の山里などで見ることがあるかもしれない。最近はドラム缶より大きい鋳鉄製の釜を使ったものが商品として売られているようだ。

　マントルプルームでは焚き火にあたるものはその下の熱い流体外核[*]だ。地球磁場の原因と考えられている流体外核の流れは、熱分布に加えて地球の自転にコントロールされていると考えられるが、一方、その上の巨大なマントルの熱対流に大きく影響されているに違いない。巨大なマントルコールドプルームの位置は、外核下降流の位置に一致するだろう。

　そうであれば、スーパーコールドプルームの強弱や、あるいはその位置変化が地磁気の変動や、時には逆転に関係することがあるかもしれないと筆者は想像している。

26

コラム4　アフリカのリフトは動物王国

　今、この世で大陸分裂が起こっているところはアフリカ大陸の大地溝帯[*]だ。今から2000万年近い昔に、突如アフリカ大陸東部に起こった膨大な隆起・火山活動と断裂・陥没の地殻運動[*]によってこの大地溝帯が生まれた。海抜2000～3000mに達する南北に連なる火山性[*]の高原の中央部がぽっかりと割れて、幅40～150km、深さ数百～1500m、延長4000km規模のリフトとなっているのである。

　リフトの中やその周辺の台地には熱帯雨林やサバンナ[*]が広がり、或

図C4a　リフトにあるアフリカのマサイマラ公園は動物王国だ。

図C4b　フラミンゴが多い時は湖一面がピンクになるナクル湖。

いは特殊な蒸発鉱物や藻で色とりどりの奇妙な湖が分布しており、様々な動物や鳥類が生息している。野生動物の生息数は世界一と思われ、多数の自然公園／動物保護区がある。また霊長類の化石も多く発見されており、人類発生の地とも言われている。

　かつて筆者はリフト帯の台地に広がるマサイマラ保護区を訪れたことがある。無数の動物たちが悠然と生きているのに感激したが、さらに、森の中から草原に、長い槍を手にした 3-4 人のマサイ族が出て来た時は、草原に浮かぶ彼らのシルエットに、人間も動物たちの仲間だと直感したものだった。

第2章
ゴンドワナランドとパンゲア実在の証拠

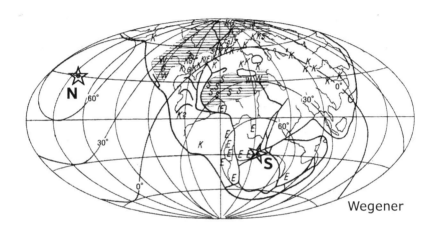

Wegener

1. 大陸の形はジグソーパズル

2. ゴンドワナ堆積物の分布

3. 地質帯と地質構造の連続

4. 生物・古生物の生息域

5. 古気候帯の分布

コラム5　ゴンドワナランドの故郷、ゴダヴァリ谷

コラム6　テーブルマウンテンのゴンドワナ累層群

コラム7　氷河性堆積物

コラム8　コアラはなぜオーストラリアだけに？

　前章で述べたように、大西洋とインド洋を閉じて大陸同士を接合させたゴンドワナランドはウエーゲナーが初めて示したものである。ウエーゲナーはゴンドワナランドの存在を示す明確な証拠を示した。それは離れた大陸同士で大陸の外形の合致、ゴンドワナ堆積物[*]の共通分布、いろいろな地質体と地質構造の連続、大洋を渡れない同じ種類の動物・植物の共通分布、大陸を集合させると過去の気候帯分布が説明可能の5点である。明確で十分な証拠を提示されながらパンゲアを受け入れることができなかった当時の地球科学界の状況への反省は、現代の科学にとっても重要であろう。

1. 大陸の形はジグソーパズル

　世界地図を広げてみると、大西洋をはさむアフリカ西岸と南米東岸がいかにもぴったりと合わさりそうだと誰もが思うだろう。アフリカ大陸と南米大陸が合わさるではないかとの指摘は1620年にかのフランシス・ベーコン[1]が言及したと言うのが最初の記録のようで、その後も数人の科学者が指摘し、あるいは両大陸接合の地図を示したりしたとA.ホームズ[2]が述べている。しかし、多方面の科学的証拠に基づいてそのことを広く説得力を持って示したのはウエーゲナーが最初であり、それゆえに大陸移動説（漂移説[*]）はウエーゲナーに始まるといえるのである。

　ウエーゲナーは、大西洋をはさむ南北アメリカの東海岸とアフリカ－ユーラシアの西海岸線は破れた新聞紙のようにぴったりと合わさると指摘した（図1、**図10**）。そして同様のことはアフリカ東岸－南極－インド－オーストラリアの間でも確認された。そして約3億年前にはこれらのすべての大陸が集合していた巨大大陸（パンゲア）があり、それがその後

1　イギリスの哲学者（1561-1626）
2　イギリスの地質学者（1890-1965）で地球物理学の草分けの1人でもある。マントル対流の提唱、地質学における放射年代の導入など。

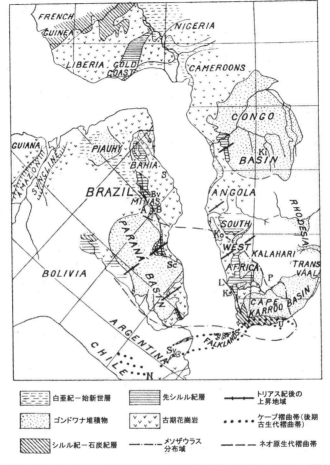

図10 南米大陸とアフリカ大陸の接合は大陸の海岸線の形だけでなく、両大陸の地質分布も良く繋がることが示される。
(DuToit, 1937、巻頭カラー図集)。

ばらばらに分かれて地球表層を漂流・移動して現在の 6 大陸分布になったとする大陸移動論*を「大陸の起源」などと題する講演や論文で 1912 年に発表した。そして、その後 1915 年に多方面の研究成果を踏まえて大著『大陸と海洋の起源』として大陸移動論の全体をまとめて「大陸漂移説」(ドリフトセオリー*)として世に問うたのである。ウエーゲナーはそ

の後、次々と各方面の新しい研究成果を取り入れて 1929 年の第 4 版まで改訂を続けたのである。

ジグソーパズルは完成すると、個々の紙片の外形はもとより、紙片の中の模様も隣接の紙片の模様と繋がる。個々の大陸の地質分布[*]がこの模様に当たるわけだ。但し、ゴンドワナランドが生まれた 6 億年前から分裂した 1 ～ 0.6 億年前の範囲を超える時代の地質については、古いほうでは繋がらない場合があり、新しいほうは繋がることは殆どあり得ないのは当然である。アフリカと南米の対置を示した図 10 については図 12 と併せて後述する。

2. ゴンドワナ堆積物の分布

インド中東部には約 3 億年前から約 1 億年前のゴンドワナ累層群[3]と呼ばれる地層が分布している。インド最大の原住民族である "ゴンド族の土地" を意味する "ゴンドワナ" の語は、まずこの地層群について使用されたのである。ゴンドワナ累層群は最下部の氷河性堆積物[*]（ダイアミクタイトと呼ばれる）の層、その上位のグロソプテリス植物化石を持つ黒色泥岩層、その上部の厚い砂岩層という特徴的な岩層の重なり（層序[*]という）を持ち、同じ時代の同じ重なり具合の地層群（ゴンドワナ累層群と呼ばれる）が南半球の各大陸（ゴンドワナ大陸片）に分布する（**図 11**）ことから、1885 年にジュースが（陸橋説の）ゴンドワナランドを提案することになったのである（第 1 章の図 2 参照）。図 11 ではドットとバッテンがまとめた図で、ゴンドワナ大陸片に分布するゴンドワナ堆積物の岩層の重なり具合[4]がよく類似していることが示されている。図にはさらに、石炭紀末期～ペルム紀初期のゴンドワナランドを復元すると、氷床の分布地域が

---

3 Gondwana Supergroup, Gondwana Sediments, Gondwana Sedimentary Sequence などと呼ばれる（**コラム 5**）。累層群は複数の層群をまとめる語。

4 図 11 に見られるような層序を図に表したものを地質柱状図と言う。

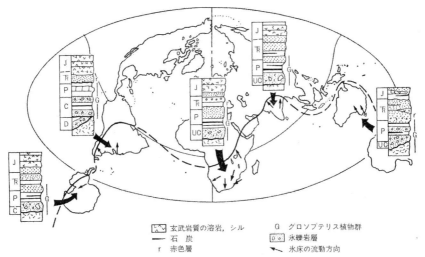

図11 ゴンドワナ大陸片におけるゴンドワナ堆積物と石炭紀の氷床地域

(Dott and Batten, 1981)。

各地のゴンドワナ層序の近似性と氷床の流動方向に注意。J: ジュラ系[5]、R: トリアス系、P: ペルム系、C: 石炭系、UC: 上部石炭系、D: デボン系。

よくまとまることと、その流動方向が大部分、当時の南極点付近（アフリカの南東縁辺）から北方に向かっていることが示されている。

3. 地質帯と地質構造の連続

　ウエーゲナーは『大陸と海洋の起源』第4版で、アフリカ南西部と南アメリカ中東部で地質帯*と地質構造*がよく連続することを、デュトワの研究をもとに詳しく記述している。ブエノスアイレス南の海岸山脈（シエラス）には下位から上位に下部デボン系（約4億年前）の海退期*砂岩層－最下部ペルム系（約3億年前）の氷河性堆積物が分布し、南北性の褶曲構造*が発達するが、全く同様の層序を持つ地質帯と褶曲構造が南アフリカ南部のケープ山地にあり、ゴンドワナ大陸接合によってぴったりと繋がるのである。

　5　ジュラ系*とはジュラ紀に形成した地質体。

34

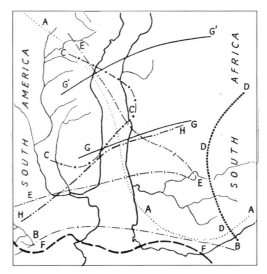

図12　アフリカ南西部と南米中東部の地質体の繋がり（デュトワ，1937）

AA の西と南西：シルル‐デボン紀砂岩層、BB の北：氷河性堆積物による不整合被覆、CC の内側：ブラジルの石炭層、DD の東：南アの石炭層（Ecca 層[6]）、DD と EE の間：青―緑の Ecca 層、EE の西：赤色及び雑色[7]Ecca 層、FF: ゴンドワナ造山帯の褶曲軸（図 10 のケープ褶曲帯*）、GG と G' G'：ゴンドワナ造山帯の曲隆帯*、HH の北：非整合*基底*を持つトリアス紀層の分布。

　あるいは南米中東部～南東部に分布するジュラ紀玄武岩溶岩・粗粒玄武岩*岩脈は、南アフリカに広く分布するカルー*玄武岩に対応する。南米とアフリカで地質と地質構造が見事に繋がる事実についての上記の記述はほんの一部であり、ウエーゲナーは 1927 年に南アフリカのデュトワによって発表された論文「南アメリカと南アフリカの地質対比」の中から多数の例を示している。第 1 章で示した 図 10 は実際の地質図であり、いろいろな地質帯が離れて分布しているのでわかりにくい部分もある。この点、アフリカ南西部と南米中東部の地質の繋がり具合を地質体の分布範囲で示したデュトワの**図 12** を図 10 と対応させると分かりやすいであろう。

6　Ecca 層はアフリカのゴンドワナ堆積物の一部で、石炭層を含むペルム紀の泥岩層。

7　堆積岩等の構成粒子や構成部分が 2-3 種以上の色彩を示すときにその岩石の色を表現する語。

　上記のような大西洋南部の両岸の大陸片における地質の繋がりはアフリカ東のインド洋サイドでも、とりわけ、アフリカ南東部－マダガスカルーインド南西部（全体でかつてのレムリア大陸*部分）についてウエーゲナーによって詳しくまとめられている。

　近年になって各国の南極観測事業が始まり、南極にもゴンドワナ累層群が広く分布すること、太古代クラトン*と周縁の原生代変成帯がアフリカ南東部－南極、インド－南極大陸及びオーストラリア－南極でそれぞれ見事に連続することや、初期古生代の造山帯が南米中南部－アフリカ南部－南極－オーストラリアに連続して分布することから、南極大陸を含むゴンドワナランドの存在が改めて認識されたのである（図13）。

　なお、ウエーゲナーは大西洋北部の両岸を作る北米大陸東部とユーラシア大陸西部の地質的つながりについても同様に多くの研究成果からまとめて示し、パンゲアの存在を明らかにしたのである。

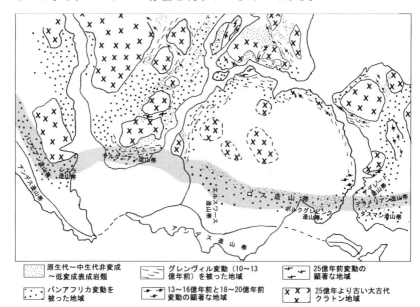

図13　南極大陸周辺のゴンドワナランドの原生代の諸変成帯と初期古生代変動帯（パンアフリカ周ゴンドワナ変動帯、灰色帯）の連続、中生代-新生代のアンデス造山帯も記入した。
（吉田，1996 に加筆）。

4. 生物・古生物の生息域

　南半球でお互いに遠く離れたゴンドワナ大陸片に、大海を渡れない同じ生物種が現在生息しており、あるいは過去に生息していたことは古くから認識されていた。この事実に関して 1800 年代後半にはゴンドワナ大陸片の間を結び、あるいは埋める "陸橋" の存在が主張され、そのような "ゴンドワナランド" がジュースによって 1885 年に提示されたことはすでに述べたところである (第 1 章の図 2)。

　1956 年に始まった各国による南極大陸の調査の重要な成果の一つは、1960 年代から現在までの調査によっていろいろな両生類と爬虫類の化石が発見されたことだ。南極横断山脈の前期三畳紀層 (約 2.5 億年前) か

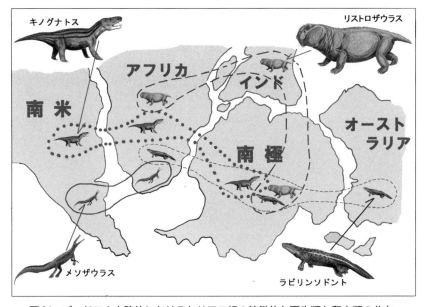

図 14　ゴンドワナ大陸片におけるトリアス紀の特徴的な両生類と爬虫類の分布
(Kious and Tilling, 1996 をベースに Kitching et al., 1972 その他 [8] を参考に編集)
中生代のゴンドワナ大陸片に生存したこれらの動物は海を渡ることができないので、この時期にはこれらの大陸片が接合していた証拠と考えられる。動物の図の出典は脚注 [9] (巻頭カラー図集)。

らは 1967 年に両生類のラビリンソドントが報告された。同じ化石は南アフリカとオーストラリアでも発見されている。また 1969 年には爬虫類のリストロザウルスが発見された。この爬虫類化石は南アフリカやインドでも発見されているのである（**図14**）。これらの事実は、これらの大陸が陸続きであった明確な証拠とされるわけだ。最近では 2011 年にロス島で首長竜化石（白亜紀後期）、2018 年に南極半島で翼竜化石（白亜紀後期）が発見されており、これらの化石はアフリカと南米でも知られている。

　上記のように、現在ばらばらになっているゴンドワナ大陸片に大洋を渡れない数多くの同じ種類の古生物化石が産出し、或いは同じ種類の生物が生息していることは 1800 年代から報告され、そのことによって各大陸を結ぶ陸橋説が出されたのであった。1912 年から発表され始めたウエーゲナーの大陸漂移説は古生物学界に大きな議論を巻き起こした。とりわけ、地球史において現在の大陸分布がずっと変わっていないとする陸橋説では、南半球の南アフリカから北半球のインドまでの数千 km の長い陸橋を温帯〜亜熱帯〜熱帯という気候帯を通って生物が移動することになり、大きな無理があった。

　それに対して漂移説はゴンドワナ大陸片に分布する数多くの同一種古生物について、見事に矛盾無く説明できるという意見が、多くの古生物・生物研究者らによって出されたのであった。ウエーゲナーは彼の著書の第 4 版（1929 年）でそれらの研究を多数引用している。例えばある古生物学者は、メガスコレクスという現生のみみずの一種が南米南部−南アフリカ−インド−オーストラリアに分布し、それを陸橋説で説明することは困難であるが一方、漂移説によれば見事に説明できると主張した[10]。

8　Cefelli, 1980; Dvorsky, 2019; Parrington, 1948 など。

9　動物の図の出典は以下の通り。キノグナトス（Tamura, 2007a），リストロザウラス（Bogdanov, 2007），メソザウラス（Tamura, 2007b），ラビリンソドント（Tamura, 2007c）。

10　これらの議論と逆に、コアラがオーストラリアだけに、レムール猿*はマダガスカルと周辺の島嶼だけに生息することは、ゴンドワナランドの分裂時期が影響している（**コラム 8**）。

先に紹介した南極における両生類・爬虫類化石の産出は、過去にゴンドワナランドが実在したことと、それまで古生物・生物データのなかった南極も明らかにゴンドワナランドの一員であることを改めて世界に印象づけ、海洋底拡大説の出現によって見直されつつあった大陸漂移説を大きく支持したのであった。

5. 古気候帯の分布

現在の地球は赤道から両極に向かって熱帯－亜熱帯(乾燥帯)－温帯－亜寒帯－寒帯が帯状に分布している(図15)。このような地球の気候帯区分はドイツのW.ケッペン[11]が1918年に明らかにしたのである。

ケッペンはさらにウエーゲナーと共同で『地質時代の気候』を著し、過去の大陸分布が現在の大陸分布と同じであったとした場合には過去の地球の気候帯は成り立たないが、一方、大陸分布を変えてパンゲアを構成すると矛盾無く過去の気候帯を地球に再現できることを示した(図16)。

地質時代の気候を一体どのようにして調べるのだろうか。その土地の地層に化石があれば、その古生物が生息していた古気候が推定できる。現代の科学では、地層に含まれる化石の酸素位体比によってその化石生息時の気温を推定できる。あるいは地層中の樹木花粉の種類でもわかる。

しかし同位体による温度測定技術の無かった当時のケッペンとウエーゲナーは、堆積物の岩相に注目したのである。例えば岩塩*やギプサム*などの蒸発岩*は亜熱帯の乾燥帯、多量の樹木の埋没による石炭層は熱帯雨林帯と亜寒帯針葉樹林帯、氷河性堆積物は寒帯というわけだ。図17は約3億年前の氷河性堆積物の分布をデュトワのデータか

11　W.ケッペンはウエーゲナーの義父であった。ケッペンとウエーゲナーの結びつきについてはコラム1でも記述されている。

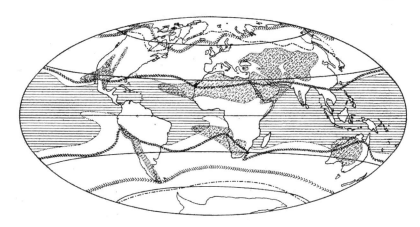

- ‒・‒・‒・‒　年平均気温−2℃（永久凍土境界）　〓〓〓〓〓　最寒期海水面温度22℃以上
- ≫≫≫≫≫≫≫　最暑期月間平均気温10℃（森林限界）　▨▨▨▨　乾燥地帯
- ××××××××××　最寒期月間平均気温18℃

図15　現在の地球の気候帯分布

（Wegener, 1966）。

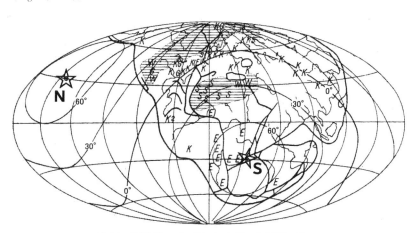

図16　石炭紀のパンゲアにおける気候帯の復元

（ウエーゲナー、1966）[12]

堆積当時の堆積場所の気候推定可能な堆積物分布は、パンゲアを想定することによって当時の気候帯分布の復元を可能にした。作図上アフリカが現位置に置かれている。星印 S と N は推定された当時の南極と北極、0°、30°、60° などの曲線は推定された当時の緯度線。E: 氷河堆積物や氷河痕跡*、K: 石炭層、S: 岩塩、G: ギプサム、W: 砂漠性砂岩*、横線ハッチ域は S,G, と W の分布で推定された乾燥気候地域。雪氷・ツンドラ気候帯は E の分布で、森林帯は K の分布で示されている（巻頭カラー図集）。

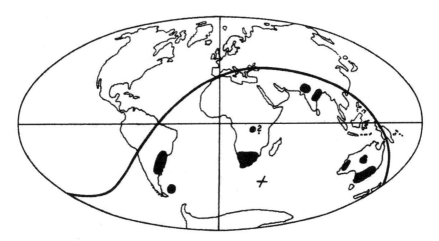

図 17 ペルムー石炭紀の氷河性堆積物と氷河痕跡の分布を現在の大陸分布上に示す。
(ウエーゲナー、1966)。
×と太い曲線は当時の南極と赤道。

らウエーゲナーがまとめたものである。図 15 〜図 17 でわかるように、
このような大まかな指標でも、パンゲアの実在を証明するには十分だっ
たのである。

---

12 ウエーゲナーはケッペンとウエーゲナーの共著『地質時代の地球の気候』(1924 年)
から本図を引用している。

コラム5 ゴンドワナランドの故郷、ゴダヴァリ谷

　インド中東部のゴダヴァリ谷周辺は、ゴンドワナの語源であるゴンド族の土地であった。この谷に沿って広がる平地〜丘陵に分布する古生代〜中生代の地層はゴンドワナ累層群であり、その模式地[13]なのである。

　私はこの河に架かる鉄橋を汽車で何度か渡ったことがあった（**図C5**）。ゴダヴァリ谷は、ゴンドワナ累層群の問題に限らず、ゴンドワナランドに関連する重要な場所である。

図C5　汽車の窓から撮ったゴダヴァリ谷。あちこちに水浴びか洗濯か、ゴンド族（？）の人が見える。

　まず、この巨大な谷地形は、ゴンドワナでインドを南極と合体させると、南極のプリッツ湾と対置される。地形だけでなく、ゴンドワナ累層群も連続するのである。

13　その場所に分布する地層が世界に分布する同じ地層の中で代表的なものであるとき、或いは、その場所で地層名が決められたとき、その場所をその地層の模式地という。

　また、ゴダヴァリ谷の両側には 25 億年前の高度変成岩類が分布することが、1994 年に筆者のゴンドワナ研究プログラムでインド地質調査所のラジェッシャムらによって明らかにされ、筆者はこの変成岩体をゴダヴァリ変成帯と呼んだ[14]。この変成帯は南極プリッズ湾の西に広がるエンダービーランドの同様な変成帯に繋がるものとみることができるのである。

　蛇足だが、筆者の指導下の大学院生がゴダヴァリ谷周辺地域[15]の野外調査中に野生の虎に出会ったそうだ。筆者も北海道の野外調査で湯気の立った熊の糞に出会ったことが何度かあった。野獣のいる場所の野外調査は心せねばならないということだ。

コラム6　テーブルマウンテンのゴンドワナ累層群

　南アフリカのケープタウンはテーブルマウンテンのふもとの町であり（図 C6a）、ワインの美味しい町でもある。テーブルマウンテンは珍しい植物、動物と独自の景観から国立公園になっている。

　その名の通り、殆ど垂直の崖の上にテーブルのように真平らな広い山頂広場が広がっている。街から 1000m ほどの高度差があり、筆者が

図 C6a　ケープタウンの町の背後のテーブルマウンテンには時折テーブルクロスがかかる（1971 年 2 月）。

14　Yoshida et al. (1996) が Godavari Granulite Belt として報告した。
15　インド留学生のラジュニッシュクマール君で、博士課程で Nellore Schist 帯の研究・調査中だった。

図 C6b　山頂へ向かうゴンドラの途中は見事なカルー砂岩の崖だ。

図 C6c　山頂公園の遊歩道はカルー砂岩層の中。動物はダッシーと呼ばれる可愛い動物。

初めてここを訪れた 1970 年にはすでにゴンドラリフトで一気に登ることができた。ゴンドラから見る崖も、山頂の岩も（**図 C6b、c**）、すべてゴンドワナ累層群であるカルー累層群のジュラ紀砂岩層である。山頂からは足下のケープタウンの町と港、遥かに喜望峰とその向こうに広がる南大西洋が一望に望まれる見事な展望台であり、望遠鏡などが備えてあった。筆者が 2 度目に訪れた 1998 年には山頂平に遊歩道が整備され（**図 C6c**）、地質はもとより、独特の動植物をゆっくりと楽しむことができるようになった。

コラム7　氷河性堆積物

　氷河が関係した堆積物のすべてを氷河性堆積物と言い、モレーン堆積物、氷縞粘土や氷河性ダイアミクタイトなどがある。モレーン堆積物は氷河の両岸から氷河上に崩れ落ちた岩片が、氷河の流れと共に下流に運ばれ、その氷河が消滅あるいは後退したときに、かつての氷河の両側端や末端に堆積する角礫層で（**図C7a**）、サイドモレーン*とか、エンドモレーンと呼ばれる地形を作っている。氷縞粘土は氷河末端の湖や湾の底に、氷河によって削剥・運搬された細粒のドロや粘土が堆積したもので、その土地の寒暖の気候変化（夏と冬）を反映して泥と粘土がミリメーター単位で交互に重なっている地層である。昔は氷縞粘土の縞を数えて地球の年齢を数千年と推定したこともあったそうだ。

　氷河性ダイアミクタイトはモレーン堆積層も含むが、一般にはいろいろなサイズと岩質の岩片を含む泥岩で、湖や湾に氷河から分離した氷山が溶けて氷山で運ばれてきたドロや岩片が堆積したものであ

図C7a　中央ヒマラヤ・ランタン氷河のサイドモレーンとターミナルモレーン形成直前の様子

手前は流動している岩屑被覆氷河で下部の氷河氷が覗いている。このような岩屑が数百mほど下流でターミナルモレーン*の丘を作っている。向こう側の崖はサイドモレーン。

図C7b　ゴンドワナ堆積物の氷縞粘土層（石炭紀末期）。ブラジルのイト氷縞粘土公園

る。堆積物の大部分が細粒の泥と粘土の互層から成る場合に、その中に、ポツンと岩片が含まれるものはドロップストーンと呼ばれ、氷河性ダイアミクタイトの良い証拠とされる。氷河性堆積物があると言うことは、その地域には氷河が発達していたことがあるというわけだ。

　ブラジルのサンパウロから車で1時間ほどのところにはイト氷縞粘土公園がある。ここではゴンドワナ堆積物下部の見事な氷縞粘土層*（最上部石炭紀層）が随所で見られ（**図C7b**）、所によってはドロップストーン*も認められる。ゴンドワナランド、ゴンドワナ堆積物や氷縞粘土層の説明も分かり易く、きれいな図入りの説明板が随所に設置されている。

コラム8　コアラはなぜオーストラリアだけに？

　コアラやカンガルーは子宮で赤ちゃんを育てる有胎盤類（ヒトを含む普通の動物）と違って、おなかの袋の中で赤ちゃんを育てる有袋類と云われる動物で、単孔類のカモノハシと共に地球上ではオーストラリアやその周辺だけに生息している。

　中生代の初めに両生類から進化した哺乳類は単孔類（カモノハシ）－有袋類（コアラやカンガルーほか）－有胎盤類（ライオンや人など多種）の

図C8a　コアラ　　　　　　図C8b　カンガルー
（Wikipedia，2020a, b から）。

順に地球上に姿を現して、当時のパンゲアで恐竜類と競り合いつつ棲息域を広げたのである。しかし、単孔類と有袋類は有胎盤類に捕食され、次第に南方、南米とオーストラリアに棲息域を限られてしまい、現在の地球上の哺乳類の大部分は有胎盤類となった。約 5000 万年前、南極とオーストラリアが分離し、単一の大陸となったオーストラリアでは単孔類と有袋類が安全に棲息・繁栄できた。一方南米は陸続きとなった北米から広がってきた有胎盤類に捕食されて殆どが絶滅したのである。同じような歴史はマダガスカルの動物相でもよく知られており、原猿類[*]のレムール猿は有名である。

　余談になるが、筆者は 1982 年にレンタカーでオーストラリア東南部のシドニーから中南部のアデレードまでのハイウエイを走ったことがある。ハイウエイの両側はゆるやかに起伏する広大な乾燥した原野で、車窓からはエミユ（ダチョウの一種）やカンガルーがときおり見かけられた。しかし実際のところ、このコースはまさに"カンガルーがウジャウジャ"であった。昼間は車にはねられた死骸が道路脇のそこここに散らばっていたのである。夜に道路わきに停車すると、車のヘッドライトの前に数匹のカンガルーが集まり、ヘッドライトに目をキラキラ反射させていると言う具合であった。

第3章

大陸移動の証拠

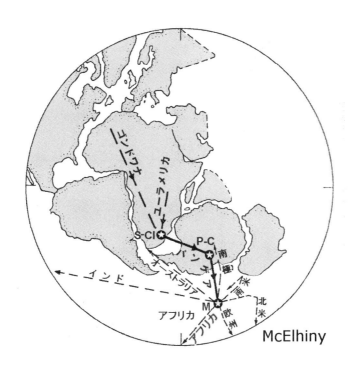

　現在地球上に大陸はばらばらに分かれて位置している。過去にそれらの大陸全てが集合・接合していた超大陸パンゲアが存在していたということは、それを構成していた各大陸片がその後移動して今日のばらばらの大陸分布になったに違いない。しかし、そのような推定は大陸移動を直接に示してはいない。プレートテクトニクスも同じである。プレートテクトニクスは海洋が拡大したことを示し、従って両側の大陸が移動したに違いないと推定させる。しかしそれも上記と同じく、間接的に各大陸が移動したことを示したにすぎない。大陸が動いたことを示す直接的な証拠は、古地磁気学によって初めて得られたのである。この章では、古地磁気学とはどういうものか、そして古地磁気学によってどのように大陸の移動が示されるかを見る。

1. 古地磁気学と古磁極

　古地磁気学という過去の地球磁場の研究は、地磁気の逆転現象が1900年代の初めに発見されたときから始まった。そして1929年に松山基範によって地質時代に磁極方位が逆転した期間があったことが明らかにされ、大陸移動説にその後大きな影響を与えることになったのである（**コラム9**）。地球の磁場と磁極の基本的な性格や原因については後に述べる[1]ので、ここでは古地磁気学がいかに大陸移動説の復活に決定的な役割を果たしたかについて説明する。

　岩石は、その岩石ができた時の地球磁場の方向（古磁極*方位と言う）を内部に記録している（この理由は後に述べる）。従って、その岩石の持つ古磁極方位（伏角*と偏角*）が解ると、その岩石（土地）からみた当時の磁極の位置がわかるのである。伏角と偏角といっても実際は"磁針の傾いている方向"であり、それは地球磁力線*の向きであって、伏角からその

1　本章の後半や第5章3で記述。

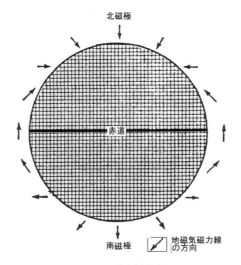

図18　地球の磁力線分布

測定場所の伏角（磁力線方向の傾き）の値によってその場所の緯度が決まる。

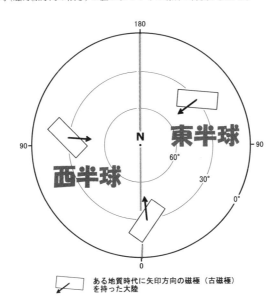

図19　古地磁気方位と陸地の位置

経度線は自由に引くことができ、かつ、測定場所の地殻の回転は自由なので、経度を決めること
は出来ない。

土地の当時の緯度が判るのである[2]（図18、19）。

　ある土地の過去の磁極（古北磁極）方位が現在と違うということは、後述のように、地質時代を通じて磁極は殆ど移動しないので[3]、測定された古北磁極の方位（この場合は地理上の北極とほぼ同じ[4]）をもとに、その土地を古緯度に移動せねばならない。つまり、古地磁気の測定から、大地が不動でなく、地球表面を動くことが示されるのである。

　例えば東経140度北緯40度に位置するある場所で5000万年前から1000万年前の一連の地層があって、それぞれの地層で古磁極方位を測定し、1000万年前の地層の古磁極方位が60°E 15°N、5000万年前の地層の古地磁気方位が100°E 70°Nであったとする（図20）。この場合、大地が不動であるとすると、磁極は5000万年前〜1000万年前〜現在にかけて図のように移動したことになる。しかし、磁極が移動しなかったとすると、陸地がC〜B〜Aと動いたと理解することになる[5]。

　ところで、過去の磁極の方向はなぜ判るのだろうか。それは、その土地の岩石が、できた当時の磁場を保存しているからである。いま、地球磁場[*]の中で熱く溶融した岩石を冷却・固化させると、その岩石は現在の地球磁場の方向の磁性を示す（磁場を記憶する）[6]。或いは磁性を持った粒子の集合体をばらばらにして溶液中に浮遊させると、すべての磁性粒子[7]は地球磁場の方向に向きをそろえるようになる。つまり、マグマが地表

2　ただし、伏角の値 I がそのまま緯度の値 φ に対応するわけではなく、tanI=2cotan φ の関係で決められる。

3　但し数度程度の移動は普通にあり、また後述のように、北磁極と南磁極が入れ替わることは何度もあった。

4　通常数度のずれがあるが、本章では便宜上それを無視して記述する。

5　伏角・偏角の値からの磁極位置決定や、磁極不動として伏角・偏角の値からの測定土地の緯度・経度決定はBogue（2006）の方程式によった。しかし筆者には納得できていないので、図20は概念を示す図として見て頂きたい。

6　岩石中の酸化鉄などの磁性粒子が当時の地球磁場を記憶するのである。

7　実際は粒子サイズが極小のものはそろわない。従って、正確には全体として、或いは統計的にそろうということである。

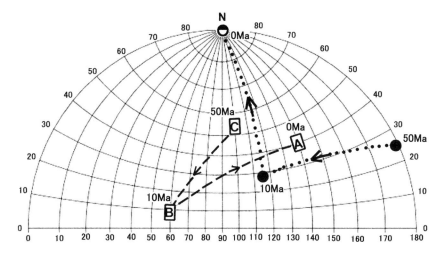

図20　磁極の移動か陸地の移動か

ある地域で測定された現在 (0Ma) ,1000 万年前 (10Ma) ,5000 万年前 (50Ma) の磁極方位が異なって
いる場合、磁極が移動したと仮定する場合の磁極の位置 (図の黒丸印で西半球) と、磁極は移動し
なかったと仮定する場合の土地の位置 (図の四角印で東半球) のそれぞれについて磁極 (点線) と
土地の移動軌跡 (破線) を示した。図は地球座標をウルフネットで示した。表面は東半球。

に噴出・冷却して火成岩になると、その火成岩中の磁鉄鉱などの磁性粒
子は全体として地球磁場方向を記憶していることになる。また、海や湖
に砂や泥が堆積して堆積岩になるとき、一緒に堆積した磁性粒子は殆ど
すべて地球磁場の方向に磁極をそろえて堆積・固化する。あるいはまた、
変成作用や風化作用で磁性鉱物が新たに晶出するときも同様である。

　このようなことから、岩石はその内部の磁性粒子全体の持つ磁極方向
を示すわけである。そして、その岩石のできた、あるいはその岩石中の
磁性鉱物のできた時代の、その岩石を採集した土地から見た地球の磁極
方向を示し、従ってその岩石を採集した土地の地球座標上の位置 (緯度の
み) を示すわけである。なお、経度線は人が任意に引く線であって、自然
に決められる緯度線とは違う。このため、その土地の経度線上の位置を
決めることはできない。或いは仮に経度線を決めても、その土地を回転
させれば、あらゆる経度線上に位置させることができるのである (図19)。

2. 磁極の移動と大陸の移動

　今、日本では磁石の示す伏角と偏角は、現在の磁極の方向を示す。こ
うして求められる磁極の位置は米国でも、アフリカでも地球上どこでも
同じ一点である。それは北磁極が地球に1箇所しか無いからである。し
かし、測定された日本の過去の磁極（古磁極）の方向は、現在の磁極方向
と大きく異なっている。

　図21には、笹嶋らによる西南日本、東北地域と朝鮮半島の古地磁気
が示す北磁極位置の時代ごとの変化（古磁極移動曲線*という）を示した。
例えば白亜紀の西南日本の古磁極の位置は160°W 30°N あたりである。
このことは、白亜紀から今日にかけて磁極が動いたと思われるかもしれ

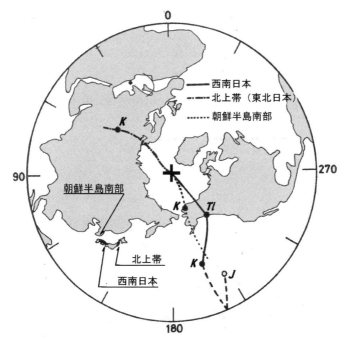

図21　西南日本、東北日本（北上帯）と朝鮮半島南部の見かけの極移動曲線
（笹嶋・鳥居, 1973 による）。
J: ジュラ紀の北磁極、K: 白亜紀の北磁極、+; 現在の北磁極。西南日本のジュラ紀の北磁極は南半
球にあるので、移動曲線は破線で示されている。

ないが、そうではない。

　磁極が動いたのであれば、地球上のいろいろな場所で測定された同じ白亜紀の磁極は同じ場所であるべきだ。しかし、図 21 の各地で測定された白亜紀の磁極方向は同じでない。例えば北上帯では 50°E 47°N, 朝鮮半島南部では 160°W 70°N と測定されており、従って全く違うところに磁極があったことになり、磁極がいくつもあったことになってしまう。いつの時代でも磁極はただ 1 つ、地球上の地理的極とほぼ一致する筈なので、上の事実は磁極が複数あったり動いたりしたのではなく、それぞれの土地が動いたと考えられるわけである。そして図 21 の各地は、白亜紀には現在と全く異なる地球座標上に位置していたが、白亜紀から現在までの 1.5 億年の間に地球上を移動して現在の位置に来たというわけである。

　磁極位置を動かさずに土地を移動させた例はすでに図 20 で原理的に示したが、視覚的に判り易い方式を Funaki et al. (1990) で見ることができる。船木らはスリランカを移動させて南極昭和基地周辺地域に対置させると両地域の約 5 億年前の古磁極方向がよく一致することを示し、陸地の外形や地質特徴によって推定された南極昭和基地周辺地域とスリランカの対置が古地磁気データからも支持されることを示した (図 22)。

　以下にはパンゲア・ゴンドワナの集合・分裂が古磁極移動曲線で検討された例を示す。**図 23** は英国のハイルウッドによる研究で、アフリカとオーストラリアの古生代のいろいろな時代の磁極位置を現在の地球座標に落とし、それらの点を曲線で結んだ古磁極移動曲線を示してある。

　上記のように、実際には磁極は動かないので、この方法は大陸の相対的な移動の検討に有効なのである[8]。両大陸が現在の位置を動かなかったとすると、両大陸で測定された古磁極移動曲線は全く違うものになって

8　この方法の有効性は 1950 年代後半に英国のランコルンらによって示され、大陸移動説の復活を決定的にしたのである。

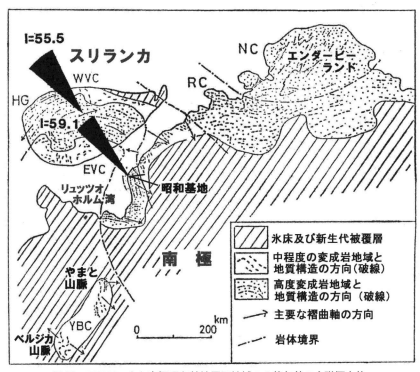

図22　スリランカと南極昭和基地周辺地域の5億年前の古磁極方位

(Funaki et al., 1990 に加筆)
スリランカを南極昭和基地周辺地域に対置させると両地域の5億年前の古磁極はほぼ同じ向きとなる。図は地質体の連続も良いことも示している。EVC, HG, NC, RC, YBC などはいろいろな地質体の名称。

しまい、磁極が同じ時期に二つあったことになる。しかし、両大陸をゴンドワナランドを構成するように移動させてみると、両曲線はほぼ重複するようになることが示されるのである。つまり、古生代の両大陸がゴンドワナランドの一部として合体していたとすると、磁極は唯一箇所であり、その磁極が移動しないと考えられるので、ゴンドワナランドが全体として地球上を移動したということになるのである。なお、実際の測定結果には、機器の測定誤差に加えて測定用の定方位サンプル[*]採取時の不正確性、当該地域の傾きや転回の確定に関わる不正確性などがあるため、両地域で測定された古磁極移動曲線がぴったりとは一致しないの

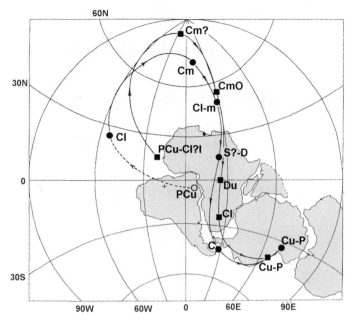

図 23　オーストラリアとアフリカの古磁極移動曲線

（Hailwood, 1974）
両大陸の位置をゴンドワナランドを構成するように移動させると、両大陸で求められた古生代 4
億年間の古磁極移動曲線は殆ど一致する。図説は筆者が改変。PCu:原生代、Cm:中期カンブリア紀、
O: オルドビス紀、S: シルル紀、D: デボン紀、C: 石炭紀、Cu-P: 後期石炭紀～ペルム紀。

である。

　古磁極移動曲線に関してはもう 1 つの面白いデータがオーストラリア
のマックエルヒニによって概念的に示された（**図 24**）。上記のようにして
得られたゴンドワナランドの古磁極移動曲線とユーラメリカのそれを同
じ地球座標に落としてみると、2 つの曲線は S-Cl（シルル紀～前期石炭紀で
約 4 ～ 3.3 億年前で、仮に 3.5 億年前とする）までは全く別々に地球座標上を
移動するが、S-Cl からは合致して移動するのである（図の S-Cl ～ P-C ～ M）。
そして M（後期ペルム紀～ジュラ紀で約 2.5 ～ 1.5 億年前）の後には各大陸ご
とに全く違う曲線をとるのである。このことは約 3.5 億年より前にはゴ
ンドワナランドとユーラメリカが全く別の巨大大陸としてそれぞれに地

図24 ゴンドワナランド大陸片の古生代から新生代の各期間平均古磁極移動曲線

（McElhiny, 1973、日本語は筆者が加筆）

ゴンドワナとユーラメリカは S-Cl に合体してパンゲアを形成し[9]、そのパンゲアを構成する7大陸は M の直後から分裂を開始したことが示されている。S-Cl: シルル紀〜前期石炭紀（約4〜3.3億年前）、P-C: 石炭紀〜ペルム紀、M: ペルム紀後期からジュラ紀（約2.5〜1.5億年前）（巻頭カラー図集）。

　球表面上の違うコースを動いていたこと、両巨大大陸は約3.5億年前には合体したこと（パンゲアの形成）、そして約1.5億年前にパンゲアを構成していた各大陸片はばらばらに分裂して現在の大陸分布に向けて地球表層を移動したことが示されるのである。

　ウェーゲナーのパンゲア存在の主張は、大陸の形、地質の分布、古生物の生息域、気候帯の分布などの専門外の科学者にはなかなか納得できない定性的なデータに基づいたものであった。そしてパンゲア構成大陸

　9　後述のように、最近ではゴンドワナとユーラメリカの合体は3.3億年前とされている。

片の分裂と移動は既述のように、論理的には示されたのであったが、直接的な証拠で示されたわけではなかったのである。それが古地磁気という機器測定によって得られた地球座標上の緯度という定量的データで大陸の移動が直接に示されたのである。大多数の科学者に捨て去られていた大陸漂移説は、がぜん息を吹き返したのであった。そして、1960 年代に入り、すでに述べたように (第 1 章)、古地磁気学に助けられた海洋底拡大説に始まったプレートテクトニクス概念の出現によって、1970 年代には殆どすべての科学者がパンゲアと大陸移動を認めるようになったのであった。

コラム9　地磁気は逆転する——松山博士の偉業

図 C9a　松山基範
（山口大学 HP, 2020）

　古代中国の人たちは地上で方角を知る方法として磁針を使っていたそうである。彼らはすでに地磁気の存在を知っていたとも言えるだろう。しかし一般には、地球が全体として双極子磁石*であると1600年に明確に論じたギルバートが、地磁気の発見者とされている。そして、1948年にブラケットによって地球双極子磁場の成因の説明として流体外核の対流運動を原因とするダイナモ理論*が発表されたのである。

　しかし一方そのような理論的な研究とは別に、すでに1906年、実際に鮮新世（約3000万年前）の火山岩が逆向きの磁場を持っていることがフランスのブルンヌによって発見されている。そして、過去の地質時代には地球磁場が現在の磁場と逆向きの磁場を持った期間があることを野外データとともに世界で始めて明らかにしたのが、当時京都大学教授だった松山基範で、1929年のことであった。

　松山は1926年に兵庫県の玄武洞*（**図 C9b**）の玄武岩（約160万年前）が逆向きに磁化していることを発見し、その後国内外36箇所で火成岩の磁気調査を行い、地球史の中で一定期間、地磁気が逆転していたことを明らかにしたのである。

　地磁気の成因もわからなかった時期に地磁気の反転などという当時の常識を覆すような論文は、当時は殆ど注目されなかった。そして1960年代に海洋底の地磁気測定結果が出ると一躍、海洋底拡大説に基本的な役割を演じることになったわけである。1964年にアメリカのA.コックスらは地磁気極性年代表*を発表したが、その中の最近の地

球史上最大の地磁気逆転期間には、松山博士の貢献を記念してマツヤマ逆転期の名が付けられたのである。地磁気極性年代表は現在、最も重要な地球科学データの1つであり、広く活用されているのである。

図 C9b　松山博士の地磁気逆転発見の糸口となった兵庫県の玄武洞。ユネスコの世界ジオパークに認定された。

第4章

ゴンドワナランドの誕生
——11億年前と6億年前の大陸集合事件

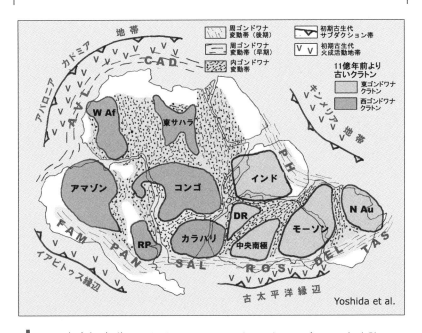

1. 周東南極変動——東ゴンドワナランドの誕生とロディニア超大陸

2. 内ゴンドワナ変動——ゴンドワナランド形成主期

3. 周ゴンドワナ変動——ゴンドワナランド形成後期～末期

コラム 10　マダガスカルの内ゴンドワナ変動

コラム 11　南極やまと山脈で重複変動を見る

コラム 12　ジルコンで岩石の年代を知る

コラム 13　南米、パタゴニア最高峰の周ゴンドワナ変動

コラム 14　南アフリカ、ケープ半島の古生代不整合

コラム 15　ヒマラヤの古生代造山運動

　本章では、ゴンドワナランド誕生がいつどのような地質過程を経て行なわれたのかを見る。最初の事件は11億年前のロディニア超大陸*集合事件の中での東ゴンドワナ*の誕生であり本書では周東南極変動*と呼ぶ。次の事件は7～5億年前の東西ゴンドワナランドの衝突による大ゴンドワナランド*誕生事件で、パンアフリカ変動*と呼ばれているが、本書では内ゴンドワナ変動と呼ぶことにした。そして最後は内ゴンドワナ変動で出来上がったゴンドワナランドの周りで起こった6.5～4.5億年前の諸事件で、周ゴンドワナ変動*である。この周ゴンドワナ変動は、次のパンゲア形成事件と、さらにその次のアジア大陸の成長へと引き継がれて行ったのである。

1. 周東南極変動——東ゴンドワナランドの誕生とロディニア超大陸

　1950年代後半から南極大陸の調査・研究成果が出始め、1960年代後半には南極を含めたゴンドワナ大陸片の集合状態が詳しく議論されるようになった。そして1980年代には、南極を中心としてインドとオーストラリアが集まった東ゴンドワナランドが南米とアフリカから成る西ゴンドワナ*より一足先に形成されたことがわかってきた。東ゴンドワナは約25億年前より古い年代を持つ大小の大陸片で構成されており、それらの大陸片の間には約11億年前の造山帯が分布している（図25）。

　すでに述べたように、造山帯はプレートの収束境界*域にできる。造山帯の両側が異なる地質特徴を持つ大陸であれば[1]、両側の大陸の衝突がその造山帯を作ったということである。東ゴンドワナランドにおける11億年前の造山帯の分布は、東ゴンドワナの構成大陸片が約11億年前に集合して東ゴンドワナを形成したということを示している。造山帯と

1　北部大西洋の両側のように、同じような海洋の開閉が繰り返された場合は古い地質についても両側の大陸で繋がることになる。

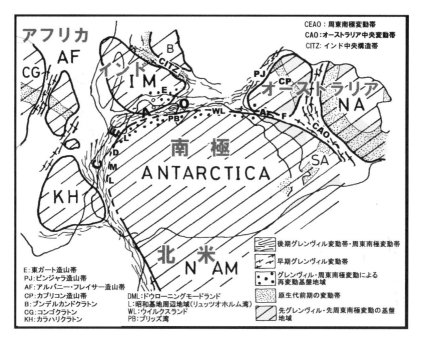

図25 東ゴンドワナランドの11億年前変動帯の分布
（Yoshida et al., 2003 に加筆）。

言ってもすでに今は山脈ではなく、昔の山脈の地殻下部を構成していた高温・高圧の条件下で形成された変成岩と深成岩[*]から成る変成帯なのである。そして、特に断らない限り、その変成作用や深成岩の活動年代を造山帯の年代というのである。この11億年前造山帯は、東南極を取り巻くように分布するので周東南極変動帯[2][*]と呼んでおこう。後に説明するように、大陸衝突で生まれたヒマラヤ造山帯も変成帯であるが、若い造山帯のために未だ変成岩や深成岩の他に、それらの上位に重なる厚い堆積層を持ち、高い山脈をなしているわけだ。

　古い造山帯（変成帯）は大陸縁辺で形成した堆積岩等が沈み込み帯で地

2　Circum East Antarctic Orogen: 吉田（1996）に概要が説明されている。また、吉田（1997）や Yoshida et al（2003）に詳しい記載がある。

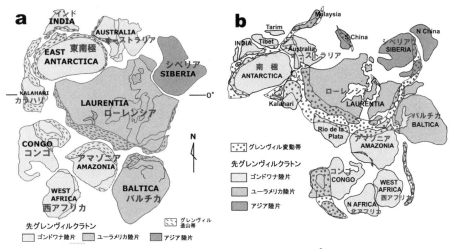

図26 ロディニア超大陸復元モデルの例[3]
a図 SWEAT モデルの1例（Hoffman, 1991）
b図 AUSMEX モデルの1例（Condie, 2003）

KARAHARI: アフリカ南部、LAURENTIA: 北米、AMAZONIA: 南米北部、WEST AFRICA: アフリカ北西部、RIO DELA PLATA: 南米南東部、BALTICA: 東欧－北欧－ロシア西部。

下深くの高い圧力・温度条件の場所に引きずり込まれて形成した片麻岩や花崗岩、大陸片と大陸片の間のかつての海洋底の岩石[4]を持ち、その場所が大陸衝突事件の現場であったことを示している。周東南極変動帯は西オーストラリア南部のアルバニー・フレイサー地域[*]や、インド東縁の東ガート山地[*]で広く認められるほか、南極ウィルクスランド[*]～昭和基地周辺地域～ドゥロンニングモードランドを含む東南極縁辺の広

---

3 1991年に米国のムアーズ、ホフマン、ディエルらがそれぞれ独立に同様のSWEAT（SW US-East Antarctica）モデルを発表した。2002年にはウインゲイトらがAUSMEX（Australia-Mexico）モデルを発表し（Wingate et al., 2002）、以後それが多くの研究者によって採用されている（例えばLi et al., 2008）。最近では南極大陸を単一の地殻とは考えられないと云うFitzsimons（2000, 2003）の考えを採用したモデルが多いが、筆者はこれらのモデルを一部否定している（Yoshida, 2007; Yoshida and Upreti, 2006ほか）。なお、図25や26の大陸や大陸片は約11億年より古い地殻に注目して描いているので現在の大陸の形と違っている。

4 海洋底の玄武岩や深海堆積物のチャート等から成る変成岩体でオフィオライト[*]と呼ばれる。

い地域で内ゴンドワナ変動帯 (7 〜 5 億年前の変動帯[*]で次節で説明する) の中のところどころに痕跡が認められている。

　ところで、約 11 億年前の周東南極造山によって東ゴンドワナランドができたわけだが、同じ頃の造山運動[*]はヨーロッパや北米大陸でもグレンヴィル変動[*]として広く認められている。これらの 11 億年前後 (13 〜 9 億年前) の造山帯は地球上すべての大陸に広く分布しており[5]、この時期には地球上のすべての大陸片が集合した超大陸が形成されたと考えられている (図 26a, b)。

　この推定される超大陸は 1990 年に米国のマクメナミンらによってロディニア超大陸と呼ばれ、多くの研究者がその名称を使うようになっている。1990 年代以来、地球上の大陸片がどのように集合してロディニア[*]を作っていたのかを明らかにする努力が続けられて来ており、かなり確からしいモデルがいくつか提出されて来ているが、未だ確定したとは言い得ない (図 26a, b)。しかし、いずれにしても、東ゴンドワナランドの誕生がこのロディニア超大陸形成事件の重要な一部であることは間違いないのである[6]。

2. 内ゴンドワナ変動──ゴンドワナランド形成主期

　ゴンドワナランドは 11 億年前頃より古い 11 個の大陸片と、その間を埋める 7 〜 5 億年前の造山帯で構成されている (図 27)。つまり、この 7 〜 5 億年前の造山運動によってゴンドワナランドが誕生したというわけだ。ゴンドワナランドを作ったこの造山帯はアフリカではパンアフリカ

5　地球上各地のこの時期の変動のすべてについてグレンヴィル変動と呼ぶ研究者が多い。

6　周東南極変動帯については 2000 年にオーストラリアのフィッツサイモンズによって異論が出されて以来、東ゴンドワナランドの一体的な形成を認めない研究者が多くなってきた (Fitzsimons, 2000; Powell and Pisarevsky, 2002; Li et al., 2008) が、確定していない (Yoshida and Upreti, 2006; Yoshida, 2007)。

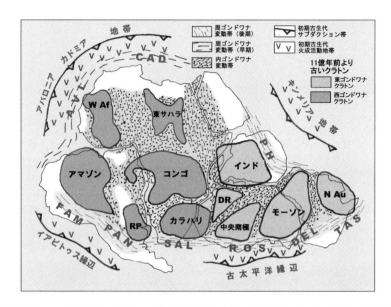

図27　ゴンドワナランド内部のパンアフリカ内ゴンドワナ変動帯（打点域）とゴンド
　　　ワナランド周縁のパンアフリカ周ゴンドワナ変動帯（細線域）

（Yoshida et al., 2019）。
DR: ドゥロンニングモードクラトン，N Au: 北オーストラリアクラトン，RP: リオ・デラ・プラタ
クラトン*. W Af: 西アフリカクラトン，AVL: アヴァロニア帯，CAD: カドミア帯，DEL: デラメニア
ン造山帯*，FAM: ファマティニアン造山帯*，PAN: パンピアン造山帯，PH: 原ヒマラヤ造山帯*，
ROS: ロス造山帯，SAL: サルダニア造山帯，TAS: タスマン造山帯*。イアピトゥス縁辺、古太平洋
縁辺、キンメリア地帯等については後述（巻頭カラー図集）。

造山帯、南米ではブラジリアン造山帯*と呼ばれているが、ゴンドワナ
ランド全域について、この時期の造山帯を全体としてパンアフリカ変動
帯と呼び、この時期の造山運動をパンアフリカ変動と呼ぶ人が多い。本
書では内ゴンドワナ変動と呼ぶことにする。ロディニアを作ったグレン
ヴィル変動と同様で、内ゴンドワナ変動は、ゴンドワナ陸片が集合して
ゴンドワナランドを作った造山運動なのである。

　内ゴンドワナ変動帯*のなかでも、東ゴンドワナランドと西ゴンドワ
ナランドを繋ぐ東アフリカ造山帯は、紅海沿岸－エチオピア－ケニア－
マダガスカル－スリランカ－ドゥロンニングモードランド*（南極）と連

なる幅約1500km延長約7500km[7]の巨大造山帯であり、東西ゴンドワナ合体の主舞台であった。

　内ゴンドワナ造山は、広い地域に大変強力に展開されたために、変動帯の中ではそれより古い変動事件は痕跡としてわずかに認められるか、或いは存在の確認が難しくなっている。例えば日本隊が詳しい調査研究を行って来た南極昭和基地周辺地域では、約11億年前の周東南極造山帯の大部分が内ゴンドワナ造山によって重複造山運動[8]*を被っており、長年にわたって11億年前変動の存在の可否が議論となっていたのである。

　古い造山帯の重複造山運動は、主にその造山帯を作る変成岩の岩石学と年代学で検討される（コラム11）。例えば5億年前の年代を示す花崗岩の中に10億年前の年代を持つ片麻岩*が包有岩*として入っていることがある。或いは、5億年前頃の年代を示す変成岩を詳細に調べると、結晶の中心部が11億年で、周辺部が6億年というような年代の異なる部分から成るジルコン*結晶を見つけることがある（コラム12）。そのようなジルコンは、11億年前と6億年前のジルコン結晶形成事件、すなわち2時期の変成作用があったことを示すと云うわけだ。図27に描かれた内ゴンドワナ変動帯には、そのような重複造山運動を被った地域が多いのである。

3. 周ゴンドワナ変動——ゴンドワナランド形成後期〜末期

　内ゴンドワナ変動によってゴンドワナランドの主な陸片がすべて集合した巨大大陸誕生事件の中頃から終期にかけて、6.5億年前頃から4.5

7　東アフリカ造山帯は当初Stern（1994）によって画かれたアラビア半島西南部からアフリカ南東部のモザンビークまでの南北延長約5000kmの変動帯を、Jacobsら（1998）ほかの南極変動研究者らが南極の変動帯への延長を示し、この巨大変動帯が東西ゴンドワナの境界であり、両巨大大陸を接合させた造山帯であるとの見解が一般的となった。

8　同じ地域の同じ地質体が新旧2度以上の造山運動を被る場合をいう。東南極におけるグレンヴィル変動とパンアフリカ変動の重複状況はYoshida et al.（2003）が詳しいレヴューを行なっている。

億年前にはその巨大大陸の周縁地域で海洋プレートの沈み込み、縁海*、
島弧の形成や小陸片の分離や衝突融合、火成活動*や変成作用があった。
この変動はパンアフリカ変動の一部であるが、最近では周ゴンドワナ変
動、この変動を被った地帯は周ゴンドワナ変動帯と呼ばれることが多い。

　ゴンドワナランド南縁〜東縁（オーストラリア東〜南東縁−東南極の南極
横断山脈周辺）は、ロディニア超大陸時代*には北米大陸（ローレンシア*）
と接合していたと見られている（図26a）。北米大陸は、ロディニア分裂
末期（6〜7億年前）にゴンドワナランド南縁から離れ、6〜5億年前頃
にはバルチカと共にゴンドワナランド西縁の南米西岸に接触し[9]（図28）、
さらにゴンドワナランド北方に移動して行った。

　北米大陸が分かれて行ったゴンドワナランド南縁の受動縁辺では、新
原生代末期からカンブリア紀の膨大な大陸縁辺堆積岩類*が形成された。
5億年前ころから古太平洋が沈み込みを開始し、活動縁辺*となり、著
しい褶曲・断層運動、火成活動と変成作用が展開されたのである。

　活動縁辺のこの火成活動、変成作用と構造運動は南極横断山脈ではロ
ス造山運動と呼ばれている。同じ造山帯は西は南アフリカ南縁のサルダ
ニア造山帯*から南米アンデス東麓のパンピアン造山帯*、東はオース
トラリア南東縁のデラメリア造山帯へと続き、古生代初期の古太平洋に
面するゴンドワナランド南縁の活動縁辺となった（図27）。この造山帯は、
デュトワがサムフラオ地向斜[10]*と呼んでゴンドワナランドの主要大陸

　9　この時期、ローレンシアとバルチカがゴンドワナ西縁に短期間接触していた。こ
の超大陸はパノティア*、大ゴンドワナ*、あるいは単にゴンドワナと呼ばれている。
しかし最近、その存在に疑問が出されている（Nance, 2022）（第5章コラム12脚注参照）。
　10　地向斜*という語は、厚い堆積物が発達する構造帯を示すが、当時の造山論ではそ
の堆積作用の後には必ず造山運動が行なわれる堆積構造帯を意味していた。サムフ
ラオ地向斜には当時データの無かった南極のロス造山帯*は入っていないが、デュト
ワはエルスワース山地*への連続の可能性を指摘している。なお、Cawood et al.（2005）
は同じ地向斜の地帯にその北縁の古生代造山帯地域を含めてテラオーストラリス変動
帯と呼び、原生代後期から古生代末期の間に数度の変動を被った地帯としている。エ
ルスワース山地は厚い古生代の地層が古生代中期と末期に変動を被っており（Yoshida,

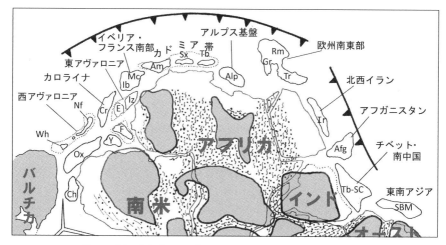

図 28　新原生代末期のゴンドワナ北縁を構成していた小陸片

（R. D. Nance et al., 2012 に加筆）[11]

Am: 北西フランス、Ch: 中米中央部、Cr: カロライナ（北米南東部）、E: 英国、F: フロリダ、Gr: ギリシャ、Ib: イベリア、Iz: イスタンブール帯、Mc: フランス中南部、Nf: ニューファウンドランド、Ox: 中米南部 , Rm: ルーマニア、SBM: 東南アジア、Sx: 北部ボヘミア、Tb: 南部ボヘミア、Tr: トルコ主部 Wh: ボストン南部（北東 US）、Y: ユカタン。

片の集合具合を示す鍵とした古生代初期〜中生代の厚い堆積層の分布地帯とほぼ一致し、その大陸側の地帯から上記地向斜の下に基盤として分布している。この造山帯では大陸側には陸弧の火山活動があり、海洋側では海溝・沈み込み帯が発達し、大部分は現在の南米アンデスの西海岸地域のような状況だった。

　一方、ゴンドワナランド北縁地域ではゴンドワナランド南縁と様相が違っていた（図 28）。ここでは、原生代のロディニア超大陸時代に接合していた大陸塊は無く、原生代末期の 7 億年前〜 6 億年前のゴンドワナランド集合事件の直後は、海洋（イアピトゥス海[*]−原テチス海[*]）に面した活動縁辺だった。西ゴンドワナ北西縁のアンチアトラス帯[*]の基盤、北縁

1982)、明らかにテラオーストラリス変動帯[*]の一員である。

11　Murphy et al.（2001）、Cawood et al.（2007）、Torsvik et al.（2009）、Nance et al.（2012）、Xu et al.（2013）、Candan et al.（2016）、Hajna et al.（2017）その他を参考にした

のアヴァロニア帯*やカドミア帯*、東ゴンドワナ北縁のラサ地塊*や原ヒマラヤ帯*(**コラム 15**)などだ。

　北西縁〜北縁全域に島弧や陸弧が発達し、カンブリア紀後期(5 〜 4.8億年前)になると縁海の発達が著しく、いくつかの陸片がゴンドワナランド縁辺から分離して行った。ゴンドワナ北西縁〜北縁西部では、アヴァロニア地塊(現在の地中海沿岸の欧州陸片群や北米南東の小陸片群)が南米とアフリカの北縁から分かれて北方漂移を開始し、少し遅れてカドミア帯(主に現在の欧州中部の陸片群)も北方移動を開始した。

　一方ゴンドワナ北縁東部では、インド北縁〜オーストラリア北西縁からタリム・南中国・北中国地塊群が 4 億年前ころに分離して北方移動を開始した。

　北縁から分離した陸片・陸塊群の背後には縁海が広がっていった。北西縁(南米西部〜北西部) 〜北縁西部地域(アフリカ北縁地域)では縁海はリーケ海*、北縁東部地域(原ヒマラヤ地域〜オーストラリア北西部)では古テチス海となり、北縁地域の広い部分は一旦は受動縁辺となったのである。

コラム 10　マダガスカルの内ゴンドワナ変動

　マダガスカルはアラビア〜モザンビーク〜東南極と続く東アフリカ変動帯（東西ゴンドワナの接合造山帯）の中心にあり、その地質研究は内ゴンドワナ変動研究のハイライトであった。1998年、筆者の主宰するゴンドワナ国際協力研究の研究集会がマダガスカルの首都にあるアンタナナリボ大学で開かれ、世界中のゴンドワナ研究者百数十人が集まって研究情報を交わし、あるいは泊り込みの野外見学討論会を行なった[12]。

図 C10a　シンポジウムの主宰者ら
左から S. ムホンゴ、L. アッシュウオール、R. ランベロソン、吉田。

図 C10b　アンタナナリボ北方の見学地点で議論する参加者ら

　会議前の2日間は野外見学討論会で、島の北西部の太古代と原生代中期の変成岩類と、それらに対するパンアフリカ期の花崗岩の貫入と圧砕作用が対象であった。これらの地質がアフリカ東岸とどのように対応するのかに興味が集まった。

　会議後の7日間は、島の南東部、原生代末期の内ゴンドワナ変成帯で、インド半島南西部との対比が検討された。野外討論会後半の参加者は40人ほどで、2台のバスに研究者が乗り、その後に数台のジープで設営役の旅行社スタッフがテントや食料を運ぶという大部隊で、行く先々で地元住民の注目を集めた。案内役はアンタナナリボ大学の教員2人と南アフリカと米国の研究者らだった。

12　研究集会と野外見学会の様子は吉田ら (1997) と吉田 (1997b)、研究成果は Yoshida et al. (1999) で詳しく見ることができる。

図C10c　島南部、イホシの巨大断層
インド南部に繋がるラノツァラ巨大断層が平
野地形を作っている。

図C10d　南東部の内ゴンドワナ変動帯の風景
右手前の丘直下の森はレムール猿[13]の生息地
として有名だ。

コラム11　南極やまと山脈で重複変動を見る

　南極やまと山脈の中で最大の山塊であるB群主峰の崖には、重複変
動の跡が見事に描かれている（**図C11**）。崖の下に写っている人物で崖の

図C11　南極やまと山脈B群主峰の大岩壁

13　第2章コラム8参照。

大きさがわかる。

　崖の大部分を占めているのは著しく折りたたまれた褶曲構造を示す縞状片麻岩である。片麻岩は多数の白い花崗岩質岩脈と、1本の黒い粗粒玄武岩岩脈に貫かれており、両岩脈とも諸所で曲がりくねっている。これらの全てを貫いて1本の白い半花崗岩の岩脈が左下から中央上に直線状に分布している。粗粒玄武岩は角閃岩に変成しており、片麻岩との境界には白い花崗岩質岩が介在している。

　この崖の様子からは以下のような重複変動を読み取ることができる。

1. 片麻岩の源岩の砂泥質岩が圧縮応力下で著しい折りたたみ褶曲を被った。
2. 地下深部の高温・高圧下で変成作用を受けて片麻岩になった。
3. 岩体が地下浅部に上昇、やや冷却し、伸長応力下で破断し、花崗岩脈が貫入した。
4. 多分少し遅れる程度で粗粒玄武岩脈が貫入し、高温のため母岩（片麻岩）が溶けて花崗岩質の薄層が岩脈と片麻岩の間に形成した。
5. 岩体が再び沈降し、圧縮応力下で花崗岩脈と粗粒玄武岩脈が褶曲作用を受け、高温・加水条件下で粗粒玄武岩は角閃岩に変成された。
6. 岩体が上昇し、大分冷却し、破断し、破断面に沿って半花崗岩脈が貫入した。

　実際は各種の岩脈内部の片状構造とその岩脈や母岩の構造との比較を詳しく検討し、また、各種岩石の年代測定を行うことによって上記の2〜5の年代や事件推定の確かさがわかることになる。よい露頭に出会ったらば何日でも腰を落ち着けて詳しく調べ、標本を採取・分析し、研究することがその変動帯を理解するために必要なのである。

コラム 12　ジルコンで岩石の年代を知る

　ある岩石が出来た年代、つまりその岩石が今から何年前に出来たのかを知ることは、その岩石が分布する地域の歴史−地球史（地質史）−を知るために基本的に重要なことである。

　最近数十年来、それにはジルコンのウラン・鉛年代[*]（同位体年代）が

尤も信頼できる方法とされて来た。ジルコンは風化や変成作用を受けてもあまり変化せずに生き残るので、岩石の年代測定にとって貴重な鉱物なのである。ジルコンの結晶構造にはウランが入っている。ウランは放射性壊変によって鉛に変わって行くが、100 グラムのウランの内 50 グラムが鉛に壊変するに要する時間（これを半減期と言う）は 45 億年[14]かかることが分かっている。

　ウランはジルコンの結晶構造中にあり、鉛は含まれていない。従って、あるジルコン結晶の中のウランと鉛の量を精密に測定すれば、そのジルコンが出来てから何年経ったか、つまり、そのジルコンの形成年代がわかるということだ[15]。それでは同じ方法で岩石全体の年代を測定できるかというとそうはいかない。岩石中には鉛が何らかの形で入っているのが普通であるし、さらにまた、その岩石を構成するいろいろな鉱物の全てが同じ時期に出来たとは限らないからである。

　実は単一のジルコン結晶も、その中の微小部分で形成年代が違うということが少なくないのである（**図 C12**）。それは、一旦出来たジルコンがマグマに取り込まれたり、或いは強い変成作用を経験したりすると、古いジルコンの周りに新しいジルコンが成長したり、或いは古いジル

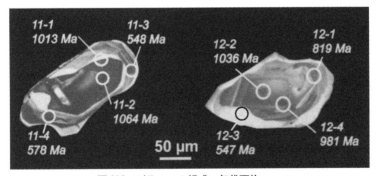

図 C12　ジルコンの組成・年代不均一

（Shiraishi et al., 2003 の一連の写真から抜粋）
南極昭和基地付近（テーレン露岩地域）で採集された片麻岩中のジルコンの組成不均一を示す写真。濃淡の違いは組成の違いを反映しているので、結晶の外周にほぼ平行した不均一な組成分布があることが判る。結晶内の数個の小さい円はウランと鉛の同位体分析によって年代を得た部分。Ma は 100 万年前単位。このようなジルコンの分析結果によって、テーレン地域は約 11 億年前と約 6 億年前の造山運動を被ったことが判った。

14　ウランの 99% 以上を占める ^{38}U の半減期。実際の年代測定は $^{38}U/^{36}U$ で求める。

15　実際にはウランと鉛それぞれの同位体比を測定する。

コンが部分的に新しいジルコンに変化することがあるからだ。しかし、多くの場合は、昔の組成が多少とも保持される。そのため、最近のジルコン年代学では、ジルコンの単結晶の詳しい組成分布からジルコンの均一性／不均一性を明確にし、不均一な結晶の場合は均一な微小部分ごとに年代測定を行なうことが必要とされている。

　そのようなジルコンの微細な構造と組成・年代の不均一を明らかにすることによって、1つの造山帯におけるいろいろな地質事件*に年代を与えることができ、或いは本文に記述されたような11億年前と6億年前の重複造山運動を解き明かすことができるのである[16]。

コラム13　南米、パタゴニア最高峰の周ゴンドワナ変動

　筆者の始めての海外経験は大学院生のとき、南米チリパタゴニアの地質調査行だった。ダーウィンが訪れたことで有名なタイタオ半島のあたりから馬に乗って河沿いにパタゴニアアンデスを横断したのである（図C13a、b）。

　フィヨルドは大きな川となり、流れは速く、水は次第に冷たく氷河

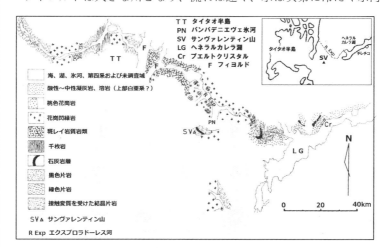

図C13a　パタゴニアアンデスの地質横断調査図

16　Yoshida（2007）が詳しい議論をしている。分析は岩石中の無数の粒の中の数個であり、また同じ粒でも無数の断面の中の1断面なので、1064Maと578Maより古い年代が当然に期待される。

図 C13b　エクスプラドーレス河を遡る。

ミルク色を呈するようになり、遂には氷河となった。パタゴニアアンデスの最高峰サンヴァレンティン山（4058m）から流れるパンパデニエベ氷河である。筆者にとって初めての氷河経験でもあったが、そんなことより、氷河のはるか上に聳えるサンヴァレンティン山の山頂直下の巨大な崖には、それまで川沿いに露出していた白亜紀花崗岩が、これより上流に広く露出する結晶片岩に貫入している様子がくっきりと現れていたのである（**図C13c, d**）。先白亜紀の変成作用が疑いの無いものとして確認されたのであった[17]。

図 C13c　パンパデニエベ氷河から望むサンヴァレンティン連山

17　吉田（1974）で簡単に報告した。

図 C13d サンヴァレンティン連山の山腹には花崗岩と変成岩の貫入境界が見える。

　当時は未だあまり知られていなかった新生代アンデス造山帯西部における先白亜紀変成作用を発見した瞬間だったのである。この先白亜紀の結晶片岩は古生代前期の周ゴンドワナ変動（第4章3で記したパンピアン造山運動）で形成されたものであろう。

> **コラム14** 　南アフリカ、ケープ半島の古生代不整合

　南アフリカケープタウンから南へ1時間ほどのドライブでケープ半島に行ける。多種・独特の植物の繁茂に加えて、多分、見事な海岸線

図 C14a ケープ半島をとりまくドライブウエイは不整合面に平行している。

図 C14b　ドライブウエイは見事な露頭回廊だ。　図 C14c　不整合面はここ、ハンマーの先。

と喜望峰という世界的に歴史ある岬もあって、世界自然遺産に指定され、また、テーブルマウンテン国立公園に組み入れられている魅力的な半島である。

　一方、地質に興味を持つ人は、古生代前期のサルダニア造山運動に関連するパンアフリカ花崗岩と、古生代後期のカルー累層群の砂岩互層との見事な不整合*関係をみることができるのである（図 C14a、b、c）。

　テーブルマウンテンで見られるケープ層群のジュラ紀砂岩層が泥岩層を挟んで見事な互層構造を示し、ほとんど水平である。その下位にある古生代初期の花崗岩とは明らかに不整合であるが、花崗岩でなければ一見整合的な関係に見える。

コラム 15　ヒマラヤの古生代造山運動

　第 1 章で記述のように、ヒマラヤ造山運動はゴンドワナランドから分離・北上してきたインド亜大陸が新生代の約 5000 万年前に古アジア大陸*に衝突して、両大陸の境界周辺で行なわれた変動である。しかし、ヒマラヤ造山帯にはルフォートらが報告したように 5 億年前頃の花崗岩が広く分布している。造山運動には花崗岩が伴われるので、花崗岩があるということは、その花崗岩の活動時期に、その位置に造山運動があったと考えるのが普通なのである。

　大多数のヒマラヤ研究者は新生代の造山運動の解明をテーマとしている。しかし、古生代の造山運動についても Stöcklin(1980) や Valdia(1995) その他によるいくつかの研究によってその概要が見えつつある。それ

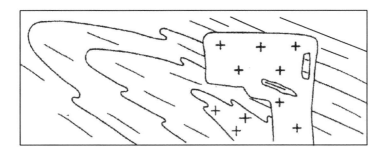

図 C15　高ヒマラヤ帯の片麻岩に貫入したオルドビス紀の花崗岩で片麻岩の岩片を含む。
（Marquer et al., 2000）

は以下のようなことである。

　造山運動の最終段階では造山帯の上昇と山地の形成があり、その結果山地は削剥されて麓には礫層が堆積する。ヒマラヤでは原生代末期から新生代初期まで引き続くテチス層群と呼ばれる地質体が広く分布しているが、その中では古生代初期のカンブリア紀の地層が欠如する一方、オルドビス紀初期の礫岩層が各所で発見されている。つまり、カンブリア紀には原ヒマラヤ帯は上昇して削剥を被ったと見られるのである。

　また、造山運動の初期には変成作用が行なわれるが、西部のインドヒマラヤ[*]では結晶片岩が 5 億年前の花崗岩によって貫かれたり、花崗岩体中に結晶片岩のかけらが入っている事実が報告されている（**図 C15**）。

　また、ヒマラヤ造山帯中軸部の片麻岩中のジルコンやモナザイト[*]にはヒマラヤ造山主期の 2000 万年前後の年代が圧倒的に多いが、それらの結晶を詳しく調べると 5 億年前の年代が残存していることがあると報告される場合が少なくない[18]。これらのことは原ヒマラヤ帯では 5 億年前頃に変成作用が行なわれたことを示している。

　以上のようなことを総合すると、古生代のヒマラヤ地域（原ヒマラヤ帯と呼ぼう）では約 5 億年前に変成作用 - 花崗岩の活動 - 山地の形成 - 削剥による礫層の形成という一連の地質事件を含む造山運動があったに

18　Yoshida et al. (2019) やその中の引用文献。

違いないと認められるのである。筆者は 2003 年から 2005 年にかけてネパール国立トリブバン大学の地質学教室に赴任し、同教室のウプレティ教授らと何度かヒマラヤを訪れ、このことに気がついたのである。そこで、この古生代初期のヒマラヤ地帯を原ヒマラヤ帯、造山運動を原ヒマラヤ造山運動*(Proto Himalayan Orogeny)と呼ぶことにした[19]。それでは一体、ヒマラヤの 5 億年前の造山運動とは、地球史の中でどんな意味を持つのだろうか。

　先に記したように、6 億年ほど前に 10 前後の大陸片が集合してゴンドワナランドが完成した。この事件は内ゴンドワナ変動である (パンフアフリカ変動主期)。しかし、ゴンドワナの大小の陸片を運んだプレートとマントルの動きはぱったりと止まったわけではなく、いろいろな動きに変化し、そのしわ寄せはゴンドワナ大陸の周縁地域に地殻変動 (本文の周ゴンドワナ変動＝パンアフリカ変動後期～末期、図 27) をもたらしたのである。ゴンドワナランド北縁にあった原ヒマラヤ帯の古生代造山運動は、この周ゴンドワナ変動の一部なのである。

---

[19]　吉田・ウプレティ（2007）に簡単な概要がある。また、Yoshida et al.（2019）で詳しい議論をしている。

第5章
パンゲアの誕生・分裂とアジア大陸の成長

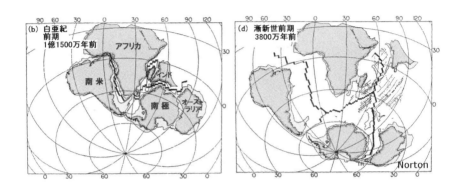

　ゴンドワナランドの誕生に少し遅れて、北半球では5〜4.5億年前にかけてバルチカ(欧州)とローレンシア(北米)が合体してユーラメリカが誕生し、その後3.3億年前頃にユーラメリカはゴンドワナと衝突して超大陸パンゲアの原形が誕生した。本章の前半では、これら巨大大陸の誕生事件を2節に分けて解説する。その後2〜1.5億年前にパンゲアは分裂を開始した。第3節ではパンゲア・ゴンドワナについて、分裂の形跡を示す洪水玄武岩活動とリフト堆積物形成、及び分裂の軌跡を示す海洋底の地磁気縞模様を見る。ゴンドワナの分裂陸片は次々とアジア大陸に向かって北上し、アジア大陸は南に向かって成長を続けている。第4節では、ゴンドワナ北縁から分離・北上したインド亜大陸と古アジア大陸の衝突の結果できたヒマラヤ造山帯を見る。最後に第5節ではアジア大陸の成長とその結末として誕生するであろう新しい超大陸に触れる。

1. 北方巨大大陸ユーラメリカの誕生——カレドニア造山運動

　周ゴンドワナ変動早期(6〜5.5億年ほど前)にゴンドワナランド西縁近くに位置していた北米地塊[*]、バルチカ地塊とシベリア地塊は、その後南米北西岸沖を北に回ってゴンドワナランド北岸沖に移動して来た(図29)。

　これらの諸地塊[*]とゴンドワナの間にはイアピトゥス海が広がっていた。そして4億9千万年前頃には、ゴンドワナ北縁諸陸片の北方移動開始とその背後の縁海の発達により、イアピトゥス海は北米地塊の南縁に沈み込みを開始した。これがカレドニア造山運動[*]の始まりであり、原アパラチア造山帯[*]はこのときに形成されたのである。4億5千万年前頃には、ゴンドワナランド北縁から分離北上して来た東アヴァロニア[*]陸片群(イベリア・フランス・ボヘミアなど)がバルチカ南縁に衝突・融合し、欧州の骨格を作った。これが欧州のカレドニア造山運動(図30)である。

　引き続いて北米地塊とバルチカが衝突・合体して北方巨大大陸ユーラメリカ(Euramerica または Laurussia)となり、両大陸間のイアピトゥス海の北

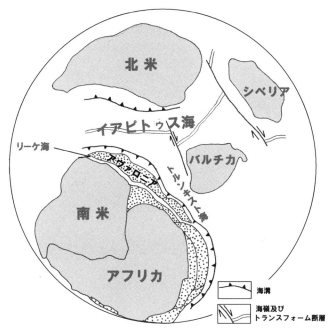

図 29　古生代前期の大陸分布

（Nance et al., 2012、凡例と日本語は筆者が加筆）
打点域は古生代前期から中生代にかけてゴンドワナから分かれてユーラメリカに融合した小陸塊群の分布域。

方部分は消滅した。グリーンランドとスカンジナヴィアのカレドニア造山運動はこの事件なのである。

　その後4億年ほど前には西アヴァロニア[*]陸片群（フロリダ・カロライナ[*]・中米等）が北米地塊に衝突・融合し、両地塊の間のイアピトゥス海の南方部分も消滅し、西アヴァロニアの南には新らしいリーケ海が広がった。西アヴァロニア地塊はアパラチア山脈[*]の東の山列を構成し、北米大陸の骨格が完成した。西アヴァロニア地塊の南にはゴンドワナランド北縁の縁海から生まれたリーケ海が広がった。

　以上のように、ユーラメリカは4億5千万年前～4億年前に起こった北米、バルチカとアヴァロニア地塊の衝突によって形成したのである。この事件前後の関連事件を含む古生代前期～中期の地質事件全体がカレドニア

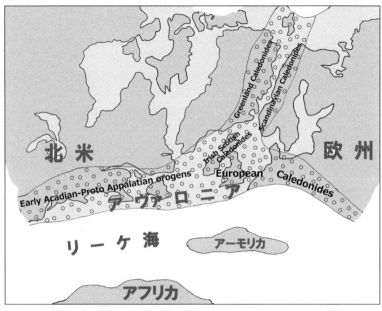

図30　古生代前～中期の北米～欧州のカレドニア造山帯 (Caledonides) の分布

（Woudloper, 2008 に加筆）

ローレンシア、バルチカとアヴァロニアが衝突、合体して巨大大陸ユーラメリカができた。北米南岸のカレドニア造山帯はアカディアン造山*帯と呼ばれる。図のアーモリカは欧州中部の地塊群で第4章図28のカドミア帯の一部。

変動なのであり、その造山帯はカレドニデス (Caledonides) とも呼ばれている。カレドニア変動はその成因と時期からは、南方で行なわれた周ゴンドワナ変動を北方大陸が引き継いで継続させた変動と見ることもできよう。いいかえると、周ゴンドワカ変動はカレドニア変動の先駆けだったのである。

　なお、ユーラメリカがシベリア地塊と合体してパンゲアの北方巨大大陸ローラシア (Laurassia) が誕生したのは、さらに後の古生代末の事件であり、次節で記述する。

2. ゴンドワナランドとユーラメリカの衝突
──ヴァリスカン造山運動とパンゲア超大陸の出現

　カレドニア造山運動に引き続いて古生代後期 3.3 億年前にはユーラメ

リカとゴンドワナランドが衝突・合体した。原パンゲア[*]の誕生であり、リーケ海は消滅した。その前後 1 億年ほどの間は、ゴンドワナ北縁から陸塊や小陸片群が分離して北方巨大大陸に次々と衝突融合していた期間である。古いほうの小陸片群や陸塊群のゴンドワナ北縁からの分離は前章の周ゴンドワナ変動で記述した。

　原パンゲアの形成に少し遅れて 3 億年前頃には、シベリア地塊が原パンゲアのバルチカ地塊に衝突・融合し、ローラシアを形成した。これによって超大陸パンゲアの基本的な形が出来あがったのである。以上のようなローラシアの完成とパンゲアの誕生事件全体がヴァリスカン造山運動である。ヴァリスカン造山帯は北米南東沿岸、欧州南部から中近東にかけて分布しており、さらに同じ古生代後期の変動帯はアジア大陸のテチス複合変動帯の古生代地帯(センガーによるキンメリア造山帯[1][*]の古生代変動地帯)に連続している。アフリカと北米地塊の間の新期アパラチア造山帯、シベリア地塊とバルチカ地塊の間のウラル造山帯[*]やヨーロッパとアフリカの間に発達したヴァリスアルプス造山帯[*]はその代表格である。北米南縁から欧州北部にかけて追跡されるリーケ・スーチャー[*](リーケ海の閉じた跡)は、この地域のヴァリスカン造山帯のおよその位置を示している(図 31)。

　なお、古生代中期から後期にかけてゴンドワナ北縁東部から分離したトルコ、イラン、アフガン、チベット、中国地塊群(タリム、北中国、南中国)、インドシナ、タイ、マレーシアなど[2]がユーラシア中部〜東部の

1　Sengör(1984)によれば、キンメリア変動は古生代後期〜中生代初期に古テチス海とその周辺で起こった造山運動で、パンゲアとアジア大陸主部の主な形成事件であり、欧州中部から東アジアまで、ユーラシアの南部に延々と連なって分布する巨大変動帯を形成した。後に記述するアジア大陸の成長は原生代末期から新生代にわたるいろいろな時期の造山運動によって行なわれたが、そのうちの古生代後期の造山運動は欧州のヴァリスカン造山と時期は同じであり、位置的にも連続するので、ヨーロッパからアジアのすべての古生代後期変動をヴァリスカン変動と呼ぶこともある。この意味では、広義のヴァリスカン変動はキンメリア変動と重複するところが多い(図 44 参照)。

2　センガーはこれらすべての陸片・陸塊群がほぼ繋がっていたとしてキンメリア大陸と呼んだが、最近の研究者らは中国地塊群を別にしている。

図31　北米南岸〜欧州におけるイアピトゥス海とリーケ海のスーチャーの位置
（Nance et al., 2012 に加筆）。
ヴァリスカン造山帯はリーケ海スーチャーに沿って分布している。イアピトゥス・スーチャーは
カレドニア造山帯の位置を示す。Bh: ボヘミア、Bs: バルチック海、C: カロライナ、E: 英国、F: フ
ロリダ、Fr: フランス北部、GL: グリーンランド、I: アイルランド、Ib: イベリア、Nf: ニューファ
ウンドランド、Ch-Oax-Y: 中米中部。

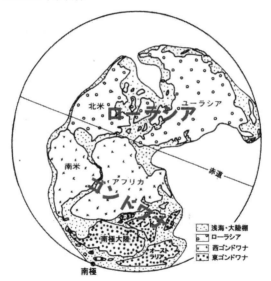

図32　超大陸パンゲアの概念図（中生代初期）
（Rast, 1997 に加筆、巻頭カラー図集）。

南縁に衝突・融合したのはパンゲア誕生後の古生代後期から中生代の事
件である（第5章5参照）。中国地塊群とシベリア地塊の衝突・融合は中
生代前期（2.4億年前ころ）で、これによりパンゲアは最大面積に達した（図
32）。センガーはこれらの事件をキンメリア造山運動*と呼んだ（後記の

図 44 にその分布が示されている）。キンメリア造山運動の古生代後期の部分はヴァリスカン造山運動と多くの点で同義である。

3. パンゲア・ゴンドワナの分裂——分裂の形跡と軌跡

　3.3 億年前頃に誕生した超大陸パンゲアは 2 億年ほど前に分裂を開始して多数の陸片に別れ、次第に現在の大陸分布が完成していった。分裂は 2 億年前にテチス海[*]が西に広がって北のローラシアと南のゴンドワナの間で始まり、1.3 億年前ころからはゴンドワナの内部で分裂が始まった。分裂開始から現在まで約 2 億年間に及ぶパンゲアの分裂とその後の諸大陸塊の移動は、海洋底の地磁気縞模様（後述）に記録されているので、海洋底地磁気データの集積とその解析が進むにつれて年を追って詳しい分裂過程がわかるようになってきている。各大陸片が地球表面を動いて現在の位置に来るまでの軌跡を時代を追って描いたアニメーションは、デウィットが 1999 年に示して以来今日まで次々と作られ、公表されて来ている。さらに最近ではプルームの流動やプレートの特性からコンピュータシミュレーション[*]で分裂過程を解析する研究も見られる。ここではしかし、大陸分裂の確実な証拠として注目されて来た洪水玄武岩（台地玄武岩[*]）、大陸受動縁辺堆積物と海洋底地磁気データを示す。

分裂の形跡——洪水玄武岩と受動縁辺堆積物

　分裂事件を示す洪水玄武岩：大陸や大陸片には、インドのデカン高原のように、洪水のように広い地域を埋める膨大な量の玄武岩体が見られる。また海洋底にも巨大な海台[*]を作っている洪水玄武岩が見つかっている（**図 33**）。この種の玄武岩体は通常台地を作るので、台地玄武岩とも呼ばれる。個々の洪水玄武岩体の分布面積は数十万〜数百万 km² で、図 33 に見られるように日本列島の面積を遥かに上回るものも少なくない。

　このような膨大な量の玄武岩活動は、地球内部から表層に到達したマ

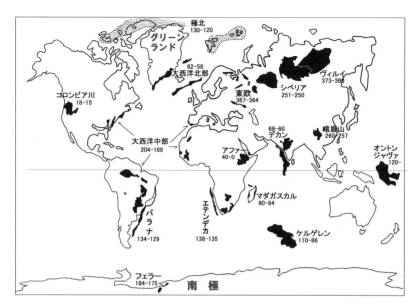

図33　世界の洪水玄武岩の分布

（Bond and Wignall, 2014 の図に南極大陸とフェラーを加筆）
数字は火成活動のあった期間で、100万年単位（Sen Sarma et al., 2018）。オーストラリア北東と南西
の大きな岩体は海台である。

ントルの熱上昇流（ホットプルームと呼ばれる）に起因し、かつ、大陸分裂
時にプレートが大規模に割れるような地殻運動に関係している。南ア
フリカのカルー玄武岩（トリアス紀末期－ジュラ紀）と南極横断山脈のフェ
ラー粗粒玄武岩[*]（ジュラ紀）は、南アフリカと南極が分離した時期にそ
の分裂境界付近に起こった一連のマグマ活動として知られている。また、
南米南東岸のパラナ玄武岩[*]とアフリカ南西沿岸のエテンデカ玄武岩[*]
も同様に白亜紀前期に起こったアフリカ南部と南米南部の分裂開始時の
マントル・地殻活動の影響である。

　そのほか、ジュラ紀前期のアフリカ北西部、南米北東部と北米南東沿
岸の大西洋中部火成岩区[*]や、古第三紀のグリーンランド南東沿岸と英
国北西沖の大西洋北部火成岩区[*]なども、それぞれの時期におけるゴン
ドワナやパンゲアの分裂に関係する巨大火成岩区[*]として知られている。

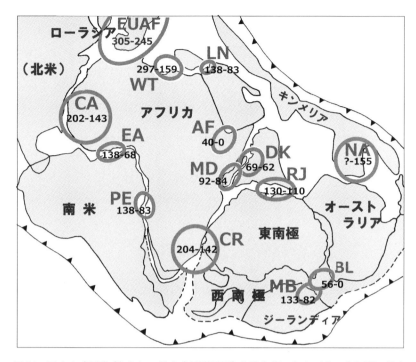

図 34　巨大火成活動（主として洪水玄武岩活動）を惹き起こしたプルーム頂部の分布と関連火成活動の活動年代

（Segev, 2002 を簡略にして日本語を加筆）

灰色の円や楕円は推定されたプルーム頂部、数値は関連火成活動の時期（x100 万年前）。AF: アファー、BL: バレニー、CA: 大西洋中部、CR: カルー、DK: デカン、EA: 赤道大西洋、LN: レヴァント・ヌビア、MB: マリーバードランド、MD: マダガスカル、NA: 北西オーストラリア、PE: パラナ・エテンデカ*、RJ: ラージマハール*、WT: テチス西部。

　大洋を挟んで現在は遠く離れている地域の巨大火成活動を、ゴンドワナランド復元図で見ると、上記のように、それらがゴンドワナランド分裂をもたらした一連の火成活動とみられるのである。イスラエル地質調査所のシーゲヴは上記のような火成活動の分布領域に加えて、岩石学的な近縁関係も検討して推定された、ゴンドワナ分裂時にプレートに到達したプルーム頂部の分布とその年代を示している（**図 34**）。

　但し、プルームによって引き起こされる火成活動の年代には大きな幅があり、巨大大陸の分裂開始時期と直接に対応するわけではない。それ

は、火成活動はプルーム活動に支配されるが、一方、プレートの分裂は直接的にはプレート運動に支配されるからである。実際のプレート分裂の時期は、後述のように大陸の受動縁辺堆積物によって分裂初期のリフト発生時期が、海洋プレートに刻まれている地磁気縞模様の解析によって分裂開始時期と分裂の軌跡が示されているのである。

大陸分裂縁辺の堆積物：大陸の分裂はリフトから始まる。現代におけるそのよい例は東アフリカのリフト帯(第1章4参照)である。ここでは1〜数km幅のリフトの両側の地塊が数段の正断層による数百mの急崖をなしているのを見ることができる(**図35**)。

1億年以上の昔、ゴンドワナ巨大大陸はこのようにして分裂を開始したのである。リフトの急崖の足下には崖錐堆積物*として膨大な量の礫岩が堆積する。リフトがさらに広がり、海が出入りして浅海に珊瑚などが繁殖して石灰岩となって堆積し、その後海底が広がるにつれてさらに傾斜が緩んだ両側斜面から多量の砂や泥が動植物の遺骸と共に運ばれて

図35　ケニアのグレゴリーリフト西斜面の断層崖

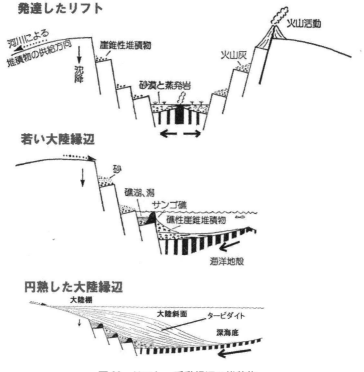

図36　リフト〜受動縁辺の堆積物

（アンデル，1987の一連の4図から3図を抜粋、加筆）。

堆積するのである（図36）。

　このような一連の堆積物は、大陸の分裂縁辺（受動縁辺）を特徴づける
ものである。古いものでは受動縁辺が活動縁辺に変わって造山運動に巻
き込まれたパンアフリカ変動帯など（例えば南極横断山脈のロス累層群[*]）
に広くみられるが、新しいパンゲア・ゴンドワナランド分裂時の受動縁
辺堆積物は、多くの場合は未だ海底の堆積層である。例えばブラジル沖
カンボス盆地（前期白亜紀から第三紀）や、アフリカ沖ローワーコンゴ盆
地（前期白亜紀〜始新世〜漸新世）の炭酸塩岩[*]・砂岩・頁岩堆積物などが
ある。これらの海底堆積物は多量の浅海生物や陸上の動植物遺骸を含み、
しばしば有力な貯油層としても知られているのである（図37）。

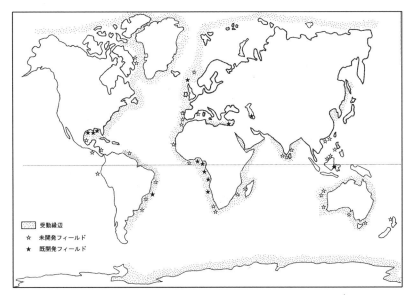

図37　世界の受動縁辺と大水深海底石油・ガスフィールド*

受動縁辺分布は Iluziat and Calandril（2009）と Harris et al（2014）を、海底石油・ガスフィールド（星印）
の分布は井原（2010）を参考にした。井原は大水深を 300m 以深とした。

分裂の軌跡──地磁気の逆転と海洋底地磁気縞模様

　地磁気の逆転：地球は磁場を持っている。地球磁場の南磁極と北磁極
は、それぞれ地理上の南極と北極にほぼ一致している（このような時期を
正磁極期*と呼ぶ）。しかし、地球の歴史では、地理上の南極が北磁極に
なり、北極が南磁極になったこと、つまり地球磁場が現在のそれと逆転
していたこと（逆磁極期*）が数十万年〜数百万年間隔で度々あったこと
は第 3 章で記述した。

　図 38 には 300 万年前から現在までの正磁極期と逆磁極期の時代変化
を示したが、このような地磁気正逆の時代変化は古生代の石炭紀初期（3
億 5800 万年前）まで明らかにされており[3]、世界各地で地層や岩石の年代

3　オッグら（2012）の要約によるので、最近ではさらに古い時代まで遡っているかもし
　れない。

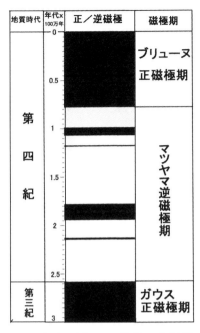

図38　新生代後期の正磁極期と逆磁極期

決定や対比に利用されている。なお、地球になぜ磁場があるのか、なぜ地磁気極は反転するのかについては未だ正確にはわかっていない[4]。

　海洋底の地磁気縞模様：海洋底は主に玄武岩で構成されている。海上を走る船舶などによる地磁気測定[5]によって海洋底の地磁気全磁力[*]分布

4　地磁気は、鉄・ニッケルなどの荷電粒子からなる流体外核の流動によると一般に理解されているが、その詳細は不明である。また、逆転の原因も、外核の流動の変化が考えられるが、それも未確定である。

5　実際は磁力計による全磁力測定である。海上で測定される全磁力（測定全磁力）は、その場所における現在の地球磁場が示す全磁力（Fe）と、その場所の海洋底玄武岩の持つ自然残留磁気[*]の全磁力（Fr）の総和である。地球磁場が逆転した時の海洋底玄武岩の全磁力は現在のその場所の地球磁場に対してマイナスとなるため、そこでの測定全磁力はその場所における現在の地球磁場の全磁力（Fe）より小さくなる。正磁極時の測定全磁力は、玄武岩の持つ全磁力（Fr）が加わるのでその場所における現在の地球磁場の全磁力（Fe）より大きくなる。つまり、海洋底玄武岩の持つ正磁極性と逆磁極性は測定全磁力の大小で示されることになる。

94

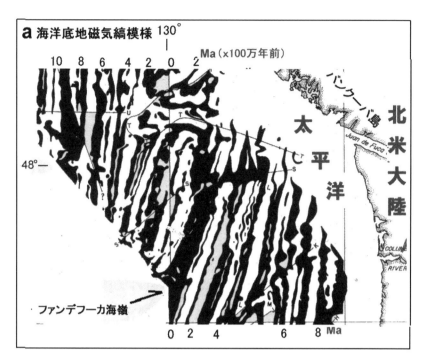

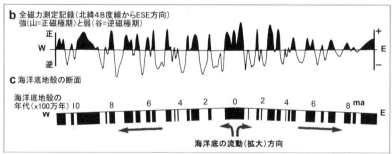

図 39a 〜 c

a 図は Raff and Mason（1961）、b 及び c 図は Vine（1968）から編集

a: 北米西海岸沖ファンデフーカ海嶺周辺の海底地磁気縞模様、数字は x100 万年前、縞模様は測定全磁力の強弱で、白縞は弱（図 b の逆・マイナス）で黒の縞は強（図 b の正・プラス）、b: 図 a の北緯 48 度から東南東に引いた測線に沿う地磁気全磁力強弱（測定全磁力がその場所での地球磁場の全磁力より大をプラス、小をマイナスとした）。c: 同じ測線に沿う海洋地殻の断面で図 b のプラス・マイナスが黒・白で示されている。

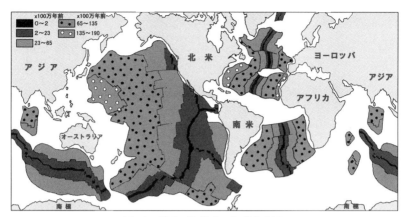

図 40　世界の海洋底の年代分布図

黒ぬり地帯は $0 \sim 2 \times 10^6$ 年と最も若い年代で、この地帯は現在の中央海嶺の分布と一致している。
(Pittman et al., 1974 から編集)。

の概略が調べられている。例えば大西洋の中央海嶺付近では、海嶺に平行して正磁極性の地殻と逆磁極性の地殻が帯状になって平行して分布している。そして、その海底の岩石の年代は、中央海嶺から離れるに従って古くなっているのである(**図39a、図40**)。**図 40** に見られるように、このような海洋底の地磁気全磁力分布とその年代変化は大西洋に限らず他のすべての海洋についても同様である。

　図 39a は 1963 年に米国カルフォルニア大学のラフとメイソンによって発表された北米西岸の北東太平洋海底地磁気全磁力分布図である。図 39b と c には、英国ケンブリッジ大学のヴァインが示した上記地域の地磁気全磁力測定プロファイルと地殻断面を示した。

　中央海嶺で噴出した玄武岩等から成る新生の海洋地殻は次々と中央海嶺から遠ざかって行くので、中央海嶺は現在のブリュンヌ正磁極期となり、その両側の逆磁極性を持つ海洋底(図38参照、$0.8 \sim 2.6 \times 100$ 万年の区間)はマツヤマ逆磁極期当時に中央海嶺で噴出して海洋地殻となり、その後現在位置に移動してきたというわけである。

　第 1 章 3 で説明したように、このようにして中央海嶺で次々と噴出し

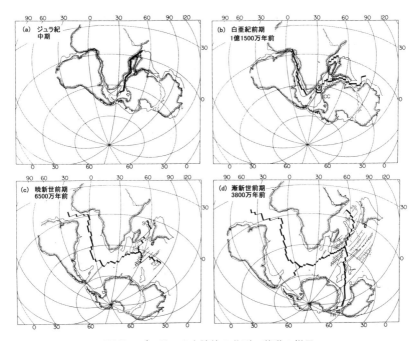

図41　ゴンドワナ大陸片の分裂・移動の様子

（Norton, 1982 の一連の 7 図から抜粋、巻頭カラー図集）。

た玄武岩で作られる海洋地殻は、中央海嶺から遠いほど古い年代であり、現在世界で最も古い海洋地殻（海洋プレート）は西太平洋のジュラ紀のものである（図40）。それより古い海洋地殻は地球上には無いのである。

　分裂陸片の移動軌跡：大陸の分裂はリフトから始まり、ついにはそこが中央海嶺となり、両側の陸地はどんどんと離れて行き、リフトは海洋となり、その海洋には地磁気縞模様＊が次々と広がって行く。分裂した大陸の移動方向は従って、その縞模様の帯に直行する方向である[6]。両陸片間の縞模様の個々の帯の幅と年代を正確に測定すれば、両陸片が離れ行く速度やその変化も確定できるということになる。

　図41 は、そのようにして求められたゴンドワナ大陸片の分裂・移動

6　実際は地磁気縞模様を横切るトランスフォーム断層の方向でもある。

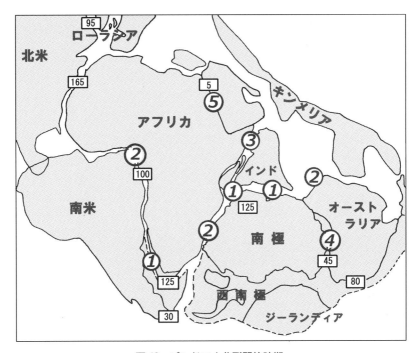

図42　ゴンドワナ分裂開始時期

165Ma にローラシアとゴンドワナが分裂した後、ゴンドワナの分裂が①から⑤の順で起こった。
① 115Ma 以前、② 115-89Ma、③ :80-65Ma、④ :64-53Ma、⑤ :39-0Ma（de Wit, 1999 の一連の図から編集）。四角内の数値は 100 万年単位でアンデル (1987) による。

　の様子であり、1.7 億年前頃にゴンドワナ分裂の兆しが見え始めたジュラ紀中期から、ゴンドワナ全体がほぼ分裂し終わった 3800 万年前の漸新世前期までの各大陸の移動の様子が示されている。図 40 で示した世界の海洋底の年代分布図からも、それぞれの中央海嶺の両側の陸地が、いつどのように分裂したかを推定することができよう。

　図 42 はそのようにして南アフリカケープタウン大学のデウィットと米国スタンフォード大学のアンデルによって示されたパンゲア・ゴンドワナ構成大陸間の分裂開始の順番と開始年代を示した。この図によれば、最初の分裂はアフリカと北米の間で 1 億 6500 万年前であったが、ゴンドワナ内部の分裂開始はそれから 4000 万年ほど経った 1 億 2500 万年前

に南極／アフリカ間と南極／インド間で起こり、その後1億年前にはアフリカと南米が分離した。ゴンドワナ主部の最後の分離は南極／オーストラリア間で4500万年前であった。

4. インドプレートとユーラシアプレートの衝突
──ヒマラヤ造山帯に見る大陸の衝突・融合過程

　ゴンドワナランドの分裂に際して、1.2億年前頃に南極から分離を開始したインド亜大陸が、地球表層をアジア大陸に向けて移動して行き、約5500万年前に古アジア大陸南縁に衝突した。ヒマラヤはインド亜大陸が古アジア大陸に衝突したその衝突帯にできた造山帯であり、大陸─大陸の衝突・融合事件を見る最適の造山帯である[7]。ヒマラヤ造山帯の西方延長であるアルプス造山帯も、アフリカ大陸とヨーロッパ大陸の衝突造山帯であるが、ここでは古い地殻や造山帯が複雑に分布し、さらに衝突運動自体も複雑で分かりにくい。これに対してヒマラヤは余計なものが一切無く、判り易いのである。

　ヒマラヤの地質概略図と構造断面概念図を**図43a、b**に示した。ヒマラヤ造山帯は地形上の山脈にほぼ平行して分布する5地質帯[8]で構成されている。北から南に A. テチスヒマラヤ帯*（構成地質体はテチス層群で原生代末期～新生代初期）、B. 高ヒマラヤ帯*（高ヒマラヤ片麻岩類で原岩は原生代後期～古生代初期、主な変成作用は古生代前期[9]と新生代中期）、C. 低ヒマラヤ帯*（原生代前期～古生代初期の低ヒマラヤ変堆積岩類[10]*と古生代後期から新生代中期のゴンドワナ堆積岩類[11]*）、D. 亜ヒマラヤ帯（シワリーク層群*

7　在田(1988)がヒマラヤの地質・地形の概要と発達史をわかりやすく説明している。

8　地質帯とは、広い地域の地質の中で、地質構造的に同一とみられる帯状の地質領域である。一方地質体とは、同一の成因的、時間的、物性的性質を持つ地層・岩石の集合体である。1つの地質帯は複数の地質体から成ることが少なくない。

9　コラム15でヒマラヤの古生代造山運動について記述した。

10　ごく弱い変成作用を被っている堆積岩類。

11　第2章2参照。

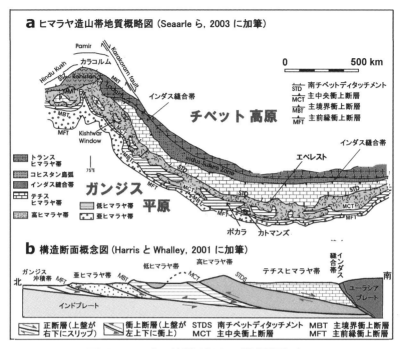

図 43a ヒマラヤの地質概念図　b 構造断面概念図
（吉田・学生のヒマラヤ野外実習プロジェクト，2022）。

で新生代中期〜後期）、E. ガンジス沖積帯（ガンジス沖積層[*]およびベンガル湾堆積物[*]で主に新生代後期）[12]である。これらの地質帯の境界はすべて北傾斜の断層で、北から南に南チベットディタッチメントシステム[*]（正断層[*]）、主中央衝上断層[*]、主境界衝上断層と主前縁衝上断層である。地質帯 C 〜 A は古インド亜大陸北縁のテチス海縁辺〜陸棚[*]に南から北に向かって堆積した一連の地層群であった[13]と考えられる。一方 C のゴンドワナ堆積物の最上部層と、D と E は高く聳えた古〜現ヒマラヤ山脈から削剥・運搬・堆積した漸新世〜現在の一連のモラッセ[14*]である。

12　ベンガル湾堆積物には始新世〜完新世堆積物が確認されている。

13　ただしゴンドワナ内部に堆積したゴンドワナ堆積岩類を除く。

14　造山帯の前縁盆地堆積物であり、高くなった造山帯から供給される砕屑物から成る

　ヒマラヤ造山帯の下位及び南はインドプレートを構成するインド楯状地の太古代から原生代の各種の岩体、北はチベット高原南縁のモラッセと古テチス海オフィオライトから成るインダス縫合帯*と、さらにその北の、インド亜大陸より前にゴンドワナランドから分かれてアジア大陸に衝突・融合したチベット地塊や南中国楯状地*の太古代から原生代の各種岩体である。

　ゴンドワナの分裂によってインドプレートはインド亜大陸地殻とその北のテチス海海洋地殻、それらの上に乗っている大陸縁辺堆積物と海底堆積物を乗せて北進し、テチス海洋地殻は古アジア大陸南縁に衝突して沈み込みを開始し、ついにはインド亜大陸地殻も引き続いてアジア大陸の下にもぐりこみを開始した。このときインド亜大陸地殻北縁〜陸棚と、その北方の原／古／新テチス海の海洋地殻を被覆していた原生代後期[15]から新生代初期の地質体の下部（高ヒマラヤ帯の源岩）はインドプレートに乗ってアジア大陸の下に沈みこみ、上部（テチス帯）は付加体となって両大陸の間で圧縮されて逆断層や褶曲作用によって厚化した。

　一方引きずり込まれた原生代後期―古生代初期の堆積物は、地殻深部の高温・高圧条件下[16]で結晶片岩、片麻岩やミグマタイト*などの変成岩[17]に変化して高ヒマラヤ片麻岩類となった。部分溶融した熱い片麻岩

地質体。

15　低ヒマラヤ帯の堆積岩類は、インド亜大陸北縁からその北方の海（原テチス海）に堆積したのであるが、ユーラシア大陸の下に引きずり込まれたのは低ヒマラヤ堆積岩類最上部をなしてさらに北方に分布していた高ヒマラヤ片麻岩類の原岩の新原生代〜初期古生代の地層群だった。

16　変成作用の程度としては一般には中圧・中〜高温とされる。

17　この変成作用は地下約20kmで600〜700℃前後で行われたもので、2000万年ほど前のことであった。しかし、ヒマラヤでは3500万年前や4200万年前の高圧変成作用や超高圧変成作用が知られている。インド亜大陸北縁の沈降開始は5500万年前であり、この時期以降にいろいろな変成作用時期があってもおかしくはない。現在最も顕著に認められる2000万年前の変成作用は、より古い高圧型の変成作用に重複し、それを覆い隠しているとの見方もある。その他、5億年前頃の周ゴンドワナ変動に伴う変成作用も知られている（コラム15、Yoshida et al., 2019）。

体を主とした高ヒマラヤ片麻岩体は引き続いて押し合う両大陸によって地殻上部に搾り出された。このとき、上昇する高ヒマラヤ帯の上面はテチス帯と正断層で、下面は低ヒマラヤ帯と衝上断層で接することになったのである (図 43b)。

　両大陸の衝突テクトニクスにより、ヒマラヤの上昇は北方から南方へと順次広がって行った。ヒマラヤ造山帯の南部には、漸新世から現代までに及ぶ 3 つの堆積盆がある。ここには漸新世〜中新世のタンセン層群*最上部層、中新世〜更新世のシワリーク層群、第四紀のガンジス沖積層とベンガル扇状地堆積物*が堆積している。これらの堆積盆中の地層には、ヒマラヤの上昇〜削剥とそれに伴う気候変動の歴史が堆積速度や堆積物の供給源方向*の変化、砂礫の内容、砕屑性ジルコン*の年代、植物化石の変化、化石や堆積物の酸素同位体比*や炭素同位体比その他諸々の諸事実によって記録されているのである。

　そのような各種の記録の解析から、チベット高原の上昇は 3500 万年前には終わっていたこと、その頃にはすでにヒマラヤ山脈からテチス層群が侵蝕され始めたこと、高ヒマラヤ片麻岩類は中新世前期 (約 2000 万年前) には地表に露出して削剥を受けていたと見られる[18]こと、1500 〜 1400 万年前には現在のような高いヒマラヤ山脈が出来上がっていたこと、低ヒマラヤ帯の上昇は約 200 万年前、シワリーク帯の上昇は約 100 万年前と見積もられることなどが明らかにされて来ている[19]。

　ヒマラヤ造山帯の短縮・厚化は主として異なる物性を持つ異なる地質体の境界における北傾斜の衝上断層と、堆積岩体中の無数の著しい褶曲構造や微細なせん断構造によっていた。現在インドプレートはアジアプレート下に延長 2500km ほどは沈みこんでいると推定されている。そ

---

[18]　De Celles ら (2004) による。彼らはネオジウムの同位体比からも上の結論を導いている。

[19]　多方面の研究が発表されており、木崎 (1988) や木崎 (1994) のほか De Celles et al. (2004) や酒井 (2005) がそれらを新しいデータと共にまとめて総括的な議論をしている。最近ではとくに気候変化との関係についての研究が多い。

102

してヒマラヤ中央部の主中央衝上断層では、上下盤の差動距離は 600km 以上と言われている。なお、インドプレートは現在も 1 年間に 40mm 前後のスピードで沈み込みを続けている。

5. アジア大陸の成長から新超大陸の誕生へ

アジア大陸南縁におけるインド亜大陸の衝突融合事件の様な、大陸の拡大・成長事件はアジア大陸では原生代末期から幾度もあった。その証拠はアジア大陸の内部に網状に走る多数の造山帯である（**図 44**）。

アジア大陸地殻の成長の核心となった地塊はシベリア地塊（クラトン）である。シベリアクラトン*は広大なアジア中央複合変動帯[20]*（アジア中央変動帯あるいはアルタイデス*とも呼ばれる）によって西は東ヨーロッパ地塊（バルチカ*）と、南はタリム地塊*─北中国地塊と隔てられている。アジア中央変動帯は原生代末期から中生代前期までの複合変動帯である（図 44 では原生代変動帯は省略した）。全体としてシベリアクラトンから南方に向かって離れるに従って若い造山帯が分布しており、この複合変動帯の中でも南方に向かう大陸成長*が認められる。

アジア中央複合変動帯の南にはタリム─北中国クラトン*の陸塊列*が分布し、そのさらに南にはテチス複合変動帯*（テチスサイデスと呼ばれる）がインドクラトン*北縁や太平洋沿岸までの広大な地帯に広がっている。テチス複合変動帯は大小様々な先カンブリア代地塊や古島弧と、その間を埋める古生代〜新生代の造山帯から成り、造山帯の年代は一般に南方ほど若い。つまり、ここでも全体として北から南へ次々と陸片が集合・付加したのである。

センガーは、テチス複合変動帯は北部のキンメリア変動帯（古生代後期〜中生代前期）と南部のアルプス変動帯（中生代後期〜新生代）で構成する

---

20 いろいろな時期の造山帯を含む変動帯を複合変動帯*と呼ぶことにする。

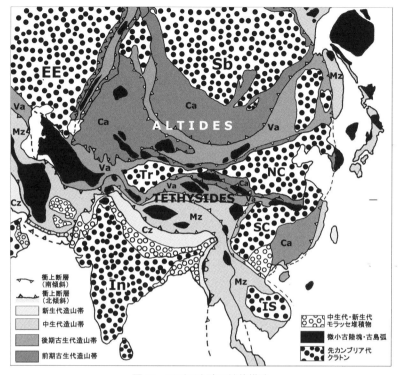

図44　アジア大陸の地体構造

（丸山・酒井，1986 を一部簡略化し、地質帯の模様を変え、日本語を加筆）

EE: 東ヨーロッパクラトン、In: インドクラトン、IS: インドシナクラトン*、NC: 北中国クラトン、Sb シベリアクラトン、SC: 南中国クラトン*、Tr: タリムクラトン*、ALTIDES: アジア中央複合変動帯、TETHYSIDES: テチス複合変動帯、Ca: 前期古生代造山帯*（カレドニア造山帯）、Cz: 新生代造山帯*（アルプス-ヒマラヤ造山帯）、Mz: 中生代造山帯*（インドシナ造山帯*及び白亜紀造山帯）、Va: 後期古生代造山帯*（ヴァリスカン造山帯）。Mz 及び Va は Sengör (1984) のキンメリア造山帯にほぼ対応する（巻頭カラー図集）。

　とした。キンメリア変動帯東部の北縁は中国中央変動帯[21]であり、北中国地塊*と南中国地塊*の境界をなしている。ところで、アジア中央複合変動帯より南の大小のクラトンはすべてロディニア或いはパンゲアの東ゴンドワナランド部分から分離して来た陸片なので、ゴンドワナ起源

21　中国中央変動帯の東部は秦嶺造山帯で、日本の飛騨外縁構造帯*と構造的に対応する。

104

と見なす研究者が多い。従って日本列島の先ジュラ系基盤[*]や、タリム、北中国、南中国、チベット、インドシナ、マレー半島、ボルネオ、セレベス等の基盤もゴンドワナ起源である[22]。

メトゥカルフェは、テチス複合変動帯におけるゴンドワナ起源陸片のアジア大陸への付加は、古生代前期から新生代中期にかけてタリム・北中国地塊群－キンメリア陸片群－ラサ地塊－インド地塊の順であり、そして、それらの北の海であった古太平洋－パレオテチス海－メソテチス海－セノテチス海[23]が次々と閉じたと説明している。

現在明らかにされているマントル熱対流（プルーム構造）の解析からは、第1章で記したように、アジア大陸下に巨大な下降流（スーパーコールドプルーム[*]）があり、原生代末期から新生代まで、次々と海洋地殻を飲み込み、それに繋がる背後の大陸地殻や島弧をアジア大陸に合体させてきたことが明らかにされている。従って日本列島を始めとする東～東南アジアのゴンドワナ起源の小陸片群は、いずれはすべてアジア大陸に衝突・融合する運命にある。

太平洋のプレートの動きは延々と、このスーパーコールドプルームに支配されて来たのである。従ってアジア大陸の成長は未だ終わっていない。プレートの移動速度（7～10cm/yr程度）からは5000万年ほど後にはオーストラリアが、その2億年ほど後には北米大陸がアジア大陸に衝突・融合し、新たな超大陸[24]が誕生すると想像できるのは楽しいことである（図45）[25]。

22　Metcalfe (2013) が諸陸片の分離・融合過程を詳しく論じている。
23　Metcalfe のパレオ―、メソとセノ―は古生代・中生代・新生代を示す。また、古太平洋は第4章3で既述の原テチス海である。
24　Hoffman (1992) はその超大陸をアメイジア（America+Asia=Amasia）と呼んだ。
25　2000年代に入ると未来の超大陸について、プレート運動やマントルプルームの詳細な解析や予測がなされ（例えば Maruyama et al., 2007 や Yoshida and Santosh, 2011）、2018年段階で未来の超大陸についても4つの異なる超大陸モデルと生成シナリオが出されている（Duarte et al., 2018 や Davies et al., 2018 が論評している）。

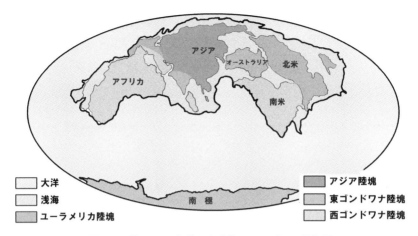

図45　2億5000万年後の超大陸アメイジアの想像図
（Williams. and Nield, 2007 に日本語を加筆、巻頭カラー図集）

　但し、超大陸内部の自然環境は生物にとって楽しいものではないと思われる[26]。超大陸が高緯度にあれば、巨大な氷床に覆われるだろうし、中〜低緯度であれば内部は暑い砂漠気候が卓越する環境となるだろう。さらに、古生代から新生代に到るゴンドワナランドの分裂—パンゲアの形成—パンゲアの分裂の歴史を見ると、超大陸時代の地球全体の環境も生物の生存に対しては厳しいものであったようである（**コラム21**）。

---

[26]　Nance et al.（2014）も新しい多くのデータをもとに指摘している。

コラム 16　日本の故郷はゴンドワナランド

　日本列島はその地質特徴と古地磁気データから、新生代中期の約2000万年前まではアジア東縁部の大陸の一部であったことが知られている。飛騨山地と隠岐ノ島の変成岩地帯は北中国地塊と、飛騨外縁構造帯（**図 C16** の長門－蓮華帯）より南の大部分の日本列島は南中国地塊の一部であったと多くの研究者が考えている。

　日本の一番古い地層はオルドビス紀からシルル紀のもので、飛騨山地、東北日本の南部北上山地や西日本の黒瀬川帯[*]などで知られている。これらの地層中に含まれている化石環境は、南方の暖かい海を示すもので、シルル紀の化石種はオーストラリア東南部でも同じものが産出

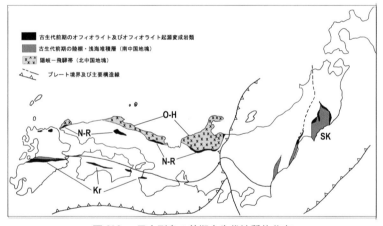

図 C16　日本列島の前期古生代地質体分布

（磯崎ら，2010 より編集）。
O-H: 隠岐－飛騨帯（北中国地塊），N-R: 長門－蓮華帯（縫合帯[*]），SK: 南部北上帯・Kr: 黒瀬川帯。

している。古地磁気のデータも、当時の日本は南半球の低緯度に位置していたことを示している。当時の海洋プレートの運動なども総合して検討すると古生代初期の日本列島は、南中国地塊の一部としてゴンドワナランド北東縁のあたりに位置していたと考えられると言うわけだ。

　ところが、古生代後期の石炭紀〜ペルム紀になると、ゴンドワナラ

ンドの陸上植物群（ゴンドワナ植物群[*]）は寒冷気候の特徴を示し、同時代の南中国・日本の温暖気候植物群（カタイシア植物群[*]）と明確に違っている[27]。従ってこの時期には南中国・日本はすでにゴンドワナランドから分離していたと考えられるのである。

　しかし一方、北中国の植物群（アンガラ植物群[*]）は寒冷気候を示しているので、この時期には未だ南北中国地塊の合体はされていなかったと考えられる。そして中生代になると上記植物群のコントラストが消失するので、南北中国地塊は一体となっていたのだろう。

　では実際に両地塊の衝突はいつだったのか。それには両地塊の境界構造帯である飛騨外縁帯—中国の泰嶺帯[*]の造山運動時期の解明が鍵となる。各地の研究からは、いずれの構造帯でもトリアス紀中期の2億4000万年前ころに主な変成作用があったとされている。これらのことから、日本列島を含む南中国地塊が北中国地塊と衝突したのは中生代の始め頃となる。つまりパンゲア完成の後で、分裂の前ということになるわけだ。但し既述のように、この南北一体となった中国地塊が北方のシベリア地塊[*]と衝突・融合してパンゲアの一部となったのは、さらに後のトリアス期末期—ジュラ紀初期のことである。

■コラム 17　インド半島の南端でゴンドワナの分裂を感じる

　インド半島南端はカニヤクマリ、ヒンドウ教の女神 kanyakumari から名付けられた。私は聖処女岬と訳したことがあるが、英語名はコモリン岬とされている。ここはアラビア海、ベンガル湾、インド洋3つの海が合わさるところであり、太陽は海から昇って海に沈む。ヒンドウ教の聖地である。

　筆者は1985年から十数年間、カニヤクマリの100kmほど北西のトリバンドラムというケララ州の州都を何度も訪れ、カニヤクマリ周辺のパンアフリカ変動を特徴的に記憶する変成岩類を調査し、その都度、この印象深い岬を訪れたのである。岬に立つと左右と前方に3つの海が広がり、はるか向こうに遠い昔数億年前に対置していた南極の大地を彷彿させる場所なのである。

---

[27]　古生代後期の植物区については浅間 (1975) ほかを参考にした。

図 C17　岬の突端には聖なるヴィヴェカナンダ岩島が景色に趣を添えている。

　蛇足になるが、この岬の地質はチャルノカイトというこの付近のパンアフリカ変成帯に特徴的な岩石である。あるとき私はこれを採集しようとして岬の突端の海岸で岩石を採集すべくハンマーをふるっていたところ、だれかが訴えたのだろう、駆け付けて来た地元の巡査にこっぴどく怒られた。聖なる場所の岩石を壊すのはけしからんということだったらしい。

コラム 18　エヴェレストで見るヒマラヤ造山運動

　エヴェレストベースキャンプまで半日ほどのところにカラパタールという標高 5500m ほどの小山があり、エヴェレストの展望台として知られている。この頂上に座って、じっくりとエヴェレストを観察するのは地質研究者の冥利に尽きるというものだ。

　エヴェレスト頂上は暗灰色層 (チョモランマ層)、その下は黄色層 (イエローバンド)、さらにその下は黒色の岩層 (ロンブク層) で (**図 C18**)、それらは全て数億年前の海成層であることが確かめられている。海に溜

図 C18　カラパタールから望見するエヴェレスト山群、地質構造がよくわかる。

まったものが山の頂にあるのは、もちろん造山運動の証拠である。さらに、下部の黒色岩層が新生代中新世の花崗岩（ロンブク花崗岩）に貫かれている様子もよくわかる。花崗岩の活動は造山運動に伴われることは皆さんすでにおわかりのところだ。実はここで最も感激的なのは、ヒマラヤ造山帯の特徴である北傾斜の大断層、南チベットディタッチメント（ここではチョモランマ[28]ディタッチメントと呼ばれている）が明瞭に確認できることなのだ。

　新生代中新世のヒマラヤ造山運動によって10000mを超す高さに押し上げられたテチスヒマラヤ帯が不安定になり、高ヒマラヤ帯の上を滑り落ちた境界[29]の正断層なのである。

コラム 19　地球を氷河が覆った時代──スノーボールアース

　「スノーボールアース[*]」、直訳すると雪玉地球[*]、日本語の論文などでは「全球凍結」と記される。このいかにも寒そうな地球とは、地球全体が氷に覆われて真っ白になっていたとされる状態のことで、地球の歴史で少なくとも3回、原生代の早期（約22億年前）と末期に（約6.5〜7.2億年前に2回）にあったとされているのである。当時赤道付近に位置

28　チョモランマはエヴェレストに対する中国名。
29　初生的には逆断層であったとの考えもある（Yoshida et al. 2019）。

していたとされる地域に氷河起源のダイアミクタイト（角礫質岩[*]、第2章コラム7）が発見されたことがその証拠とされており、赤道の海も1000m の厚い氷で覆われていたとの主張もある。1999 年にアフリカ南西部、ナミビアでこの発見をしてスノーボールアース説に決定的な証拠を示したのは米国ハーバード大学の P. F. ホフマンだった。

　全球凍結を起こすためには、赤道域の平均気温を 0℃以下に、しかし塩分を含んで流れ、波打っている海水まで凍結さすことを考慮すれば-5℃程度より相当低くなくてはならないだろう。田近英一著『凍った地球』によれば、現在の地球の平均気温は約 15℃に保たれている。地球気温の原因の熱を供給しているのは太陽の光と地熱エネルギーで、それぞれ 90% と 10% なのである。ちなみに、太陽の光が今より 10% だけ弱まると地球表面は凍結するし、全く無くなると地球の平均気温は-45℃という極寒の世界になるそうだ。しかし、実は太陽熱と地熱だけでは、地球の平均気温は -15℃までしか上がらない。-15℃のはずの地球の平均気温を 15℃に上げているのは、大気中の二酸化炭素やメタンなどの温室効果ガス[*]のおかげなのである。

　以上のことから、スノーボールアースがあったということは、太陽光が著しく弱くなったか、あるいは温室効果ガスが極端に減ったことのどちらかである。太陽の明るさは、太陽が生まれた時から現在まで徐々に増大して来たことが知られており、誕生当時は現在の約 70% で、現在も約 1 億年に 1% の割合で明るさが増している。太陽光がそれほど弱い昔の大部分の期間、地球が凍結していなかったことは明らかなのである。このことは、過去の地球大気中に多量の温室効果ガスが含まれていた故としか考えられないということになる。

　以上のことから、地球の歴史のある時期にスノーボールアース事件が起こったのは、結局地球大気の炭酸ガス[30]量の減少が原因とされている。地球大気の炭酸ガスは主として火山活動によって供給されるが、大気中炭酸ガスは海域で海水に溶け込み、陸域の岩石から河川によって海に運ばれるカルシウムやマグネシウムなどの金属イオンと結合して炭酸塩鉱物[*]となって石灰岩を作り、海底に堆積する。熱帯では岩石の風化・侵蝕が激しいので、この炭酸ガス除去過程が顕著である。陸域では炭素同化作用[*]によって植物に吸収され、最終的には地中に固定

30　原生代初期にはメタンガスの影響が決定的だったとする考えもある（田近、2009）。

される。従って、地球上の多くの陸地が熱帯域に集まると広大な熱帯雨林帯が形成され[31]、そこに繁茂する植物が二酸化炭素を吸収する[32]。これらは相まって大気中炭酸ガスの減少をもたらすと考えられる。

　炭酸ガスが減少すると地球気温は低下し、雪氷域が拡大する。雪氷域が拡大すると地球全体として太陽光の反射率（地球アルベドと云う）が増えるため、地球気温はさらに低下する。このようなことが繰り返されて地球はどんどんと寒冷化し、ついには地球の全域が氷に覆われてスノーボールアースになる、という考え方である。

　スノーボールアースとなって凍りついた地球は、ある期間（田近によれば数百万年以上と考えられ、数千万年～数億年との考えもある）経つと暖かくなって氷が溶けて温暖な地球になる。これはスノーボールアース期間に地球の海も陸地も氷に覆われてしまうと大気中炭酸ガスを吸収する海水や植物が無いので、火山活動で供給され続ける炭酸ガスが大気中に極端に増加して地球の大気温度を上昇させるためであると説明されている。

　以上が田近の書に説明されるスノーボールアースの簡単な説明である。しかし私には、赤道の海を1000mもの厚さの氷が覆うような状態を作る機構も、或いはその証拠も未だ完全とは言い難いのではないかと思われる。

　まず、証拠とされる氷河性ダイアミクタイトだが、この種の堆積物は全球凍結期間に形成されるのではなく、必ず大陸氷床や山岳氷河の末端の無氷状態の湖や湾に積成するはずである（第 2 章コラム 7）。そうであれば、問題のダイアミクタイトは全球凍結時代の前と後に形成され、2 層のダイアミクタイトの間には厚い氷に覆われて貧酸素状態となった海に沈積した貧酸素堆積物、例えば黒色頁岩などの地層を挟むことが期待される。しかし、そのような地質事実の報告は無いようである[33]。或いは、火山活動による大気炭酸ガス濃度は、地球を覆う氷が多くなるにつれて増加するので、全球凍結する前に十分な炭酸ガス濃度に到達することも考えられるのではないか、など、真っ先に浮かぶ疑問である。

31　但し、超大陸の場合は乾燥・砂漠気候が卓越するので、森林地帯の増大は無い。

32　但し、原生代には未だ陸上植物は現れていなかったので、陸上植物による炭素の固定は原生代では考えられない。

33　Hoffman (1999) や Nance et al. (2014) の総括でも示されていない。

　また、問題の氷河性ダイアミクタイトは必ず炭酸塩岩に覆われており、そのことは全球凍結を終結させた濃厚な大気中炭酸ガスが、海氷が溶けた海中に溶け込んで、暖かくなった地表の風化・浸蝕によって海に流入した金属イオンと結合し、石灰岩として固定化されたためと説明され、その炭酸塩岩石の存在がスノーボールアース説を補強する証拠とされている。しかしそれならば、ダイアミクタイトの上位と共に、地球寒冷化の原因となった多量の炭酸ガス成分固定を示す石灰岩層がダイアミクタイト層の下位にもある筈であろう。しかし、そのような事実は報告されていないようである。

　そのほか、古地磁気測定による古緯度想定の精度にはかなりの幅があることも指摘されよう。さらには、氷河性ダイアミクタイトと言われる堆積岩や、それに挟まれると言われる縞状鉄鉱床*および上位の炭酸塩岩等の堆積時の大気や海水の温度とその変化の時期極性*、つまり最寒期を示す地質体の上下に寒冷期を示す地質体が存在することが、それらの地質体中の酸素同位体比などで明らかにされねばならないであろう。

　スノーボールアースの存在と原因については、いろいろな傍証的な事実や理論をもとにあり得るシナリオが示されてはいるが、それらは十分に説得力があるわけではないと筆者には思えるのである。そのような事件があったことを示す直接的な証拠は氷河性ダイアミクタイト*の存在だけであるが、それについては上記のような問題がある。赤道の海まで厚い氷（数メートルであっても）に覆われたというスノーボールアースは未だ確定していないだろうと筆者は感じている。

コラム20　超大陸は過去にいくつあったか——超大陸サイクル

　第1章で述べたように、パンゲア超大陸は約3.3億年〜3億年前に地球上の大部分の大陸片を集めて誕生し、その後約1.5〜1億年前に分裂・消滅した。

　超大陸を分裂させたのはマントルの熱い巨大上昇流（ホットプルーム）で、超大陸の炬燵ふとん効果によってその真下に上昇流が来たためと考えられている。マントルプルームの動きは簡単には変わらず、その後も同じ場所にマントルプルームが居続けるので、分裂した大陸片の

プレートはそのままどんどんと離れて行き、地球の反対側で再び衝突合体して超大陸を作ることになる。実際にはプレートは唯二つではなく、複数のプレートがいろいろな動きをするので、単純にもと通りの2大陸片が合体するとは限らない。

　しかしいずれにしても、パンゲア分裂の後、多くの大陸片はアジア大陸に向かって集合しつつあり、本文で記述のように数億年後には新しい超大陸が出現すると予想されている。そして地球の歴史をさかのぼると、3億年前にはパンゲア、6-5億年前には巨大大陸ゴンドワナ[34]が、約10億年前にはロディニア超大陸が、約20億年前頃にはコロンビア超大陸[35]*があったことが確かめられている。このように、数億年間隔で超大陸が集合と分裂を繰り返していることは、Wilson (1966) による大洋の成長－消滅－成長の繰り返し論(ウィルソンサイクル*)を受けてワーズレイらが1982年に指摘したことが多分最初であろう。そして1990年前後からはパンゲア以前の超大陸の研究が集中的に始められたのである。

　1993年4月に米国ノースカロライナ大学のロジャーズらの主宰でゴンドワナランドの集合に関するワークショップが行なわれ、6カ国から19人のゴンドワナ研究者[36]が集まってゴンドワナの集合と超大陸サイクル*の研究の展望について意見交換が行なわれた[37]。そして、このワークショップに前後してユネスコと国際地質学連合のサポートを受けて「ゴンドワナランドのスーチャーと変動帯」、「ゴンドワナの分裂とアジア大陸の成長」、「東ゴンドワナの原生代事件」「ロディニア超大陸の集合と分裂」等の巨大国際協力研究*が1990年から2005年にかけて上記ワークショップの参加者らによって展開された。これらの協力研究を通じてゴンドワナランドを始めとする超大陸研究が大きな進展を見たのであり[38]、現在では超大陸サイクルが事実として認められているので

34　ゴンドワナランド形成後期には、北米地塊やバルチカ地塊が西ゴンドワナに接着していた時期があったと考えられ(Dalziel,1992)、そのときの巨大大陸はパノティアと呼ばれている (Powel et al.,1996) が、単にゴンドワナとか、大ゴンドワナと呼ぶ研究者も多い (第4章3)。そして最近その存在に疑問がだされた。

35　Hoffman (1997) はヌーナ超大陸*と呼んだ。

36　アジアからの参加者は筆者とインドの M. サントシ博士だけだった。

37　Rogers (1993) が NSF に報告書を提出している。

38　Rogers and Santosh (2003) の超大陸サイクル論文、Yoshida et al. (2006) のゴンドワナパンアフリカ変動の総括論文集や Li et al. (2008) によるロディニア超大陸マップなどがある。

ある[39]。

　超大陸サイクルについては、ロジャーズが 1996 年に、30 億年前から 3 億年前までに 8 回の超大陸／巨大大陸形成事件が認められることを

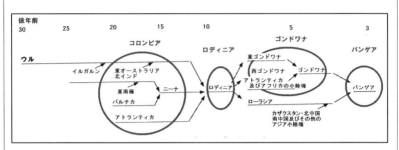

図 C20a　地球史上の主な巨大大陸・超大陸形成史

（Rogers, 1996; Rogers and Santosh, 2003 から編集）。

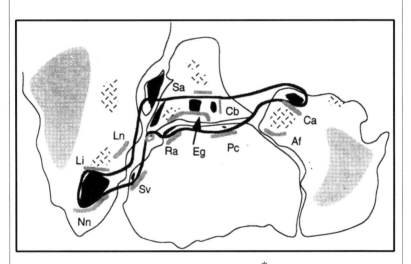

図 C20b　30 億年前のウル巨大大陸[*]の想像図

（ロジャーズ，1996）

黒塗りつぶし部分は 30 億年より古い地殻、黒太曲線で囲った地域がウル、ハッチ模様は 25 億年前のクラトン、灰色は原生代の変動帯、参考のために現在の大陸の輪郭などが示されている。

39　超大陸サイクルは大方に認められているが、個々の超大陸がどのようなものであったか（数他のクラトンがどのように接合していたか）はパンゲア、ゴンドワナとロディニア以外では大方の納得が得られるような明確な復元図は出されていない。

指摘した（**図C20a、b**）。ロジャーズの示した超大陸のうちロディニア超大陸については2008年のリーらのモデルが大方に受入れられるようになって来ているが確定したとは言いがたい状況である。最近はコロンビア超大陸の再構成モデルもいくつか提案されるようになって来たが、野外証拠は少なく複雑で、説得力のあるモデルの提案は難しい状況である。

コラム21　超大陸サイクルと地球環境

　地球上の殆ど全ての大陸が一箇所に集合し、ほかは巨大な海洋という極端な地球の海陸分布、あるいは超大陸形成時の激しく広い造山運動、さらには超大陸分裂時の激しく膨大な火山活動や新生海洋底の増加などを含む超大陸サイクルは、地球環境*に大きな影響を及ぼしたに違いない。

　そのような考えはすでに1970年にバレンタインとムアーズによって示されている。**図C21a**にはその後1980年代にワーズレイやナンスらによって示されたデータも加えた超大陸の集合・分裂と陸域の削剥、火成活動、海水面変動、地球気温と生物種数の変化などが関連する様子が示されている。

　超大陸の誕生時には集合大陸片を運んできた海洋プレートは海嶺から最も遠く、最も古いため冷たく重くなっている。このことは世界的に海が深くなっている（海底が沈んでいる）と云うことである。また、大陸同士の衝突によって大陸地殻の厚さは増大し、面積は縮小する。深い海は超大陸が分裂を開始するまで継続される。海が広く、深いということは陸から見れば海水面が下がるということである。さらに、多数の陸片が単一の巨大大陸になるため、世界的に海岸線の著しい減少、つまり海浜－浅海域の減少をもたらす。

　また、超大陸の誕生時には大陸片同士の衝突による衝突型造山運動*が次々と行なわれ、高い山脈が現れ、山脈からは多量の金属・非金属元素が海に流入する。金属元素は海中の二酸化炭素と結合して炭酸塩鉱物を作り、石灰岩となって海底に沈積する。この結果は大気中二酸化炭素の減少をもたらし、地球表層の寒冷化をもたらす。一方非金属元素は海中の藻類やシアノバクテリアなどの光合成生物*の繁殖を促し、

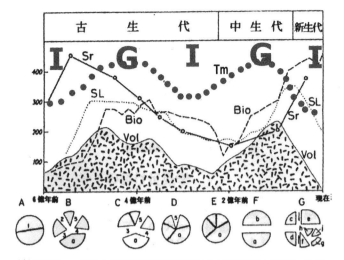

図 C21a　過去 6 億年間の地球環境の巨大変化と超大陸サイクル

（吉田，1998 に加筆）。

Tm: 大気温度、Sr: 海水中のストロンチウム同位体*組成で陸域の削剥程度が示される、SL: 海水面レベル、Bio: 生物の科の数、Vol: 花崗岩活動の激しさ、G: 温暖期、I: 寒冷期、図下部の A 〜 G はそれぞれの時期の大陸が集合 (A,E) しているか、或いは分裂 (B,G) しているかを示している。

海水中の溶存二酸化炭素量の減少をもたらし、結果として大気中二酸化炭素が海水中に溶入するため、大気中の二酸化炭素量は一層減少し、地球環境の一層の寒冷化を加速させる。

　海浜―浅海域の減少は多くの生命にとって快適な生存領域を奪うことであり、加えて寒冷化も生命の維持・発展を阻害する環境である。このようなことから、地球史で何度も認められている生物の大絶滅事件*の多くは超大陸事件*と重なっているのである[40]。原生代末期の超大陸事件[41]に伴う地球寒冷化は非常に激しいもので、全球凍結となったとの指摘があることはコラム 19 で紹介した。

　一方、超大陸の分裂時には多数のリフトの発達に伴う膨大な火山活動があり、多量の二酸化炭素が噴出し、地球環境の温暖化をもたらす。

40　中生代−新生代境界時には巨大隕石衝突による恐竜の大絶滅事件のような偶発的な地球系外因による絶滅事件がある。

41　ロディニア超大陸の分裂 (7.5 〜 6 億年前) とゴンドワナランドの形成 (7 〜 5 億年前) 事件。

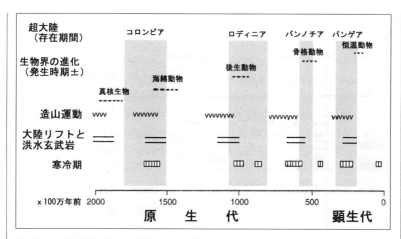

図 C21b　原生代初期から新生代の 20 億年間にわたる超大陸事件と地質事件、環境変動事件と生命の進化事件が関連していることが見られる。灰色の縦帯は超大陸時代。

（Nance et al., 1986）。

　また、暖かく、相対的に軽い新生海洋地殻の形成は、海洋地殻の浮上をもたらし、その結果として海水面が上昇する。海水面の上昇は大陸片増加による海岸線の増大とあいまって海浜・浅海域の増大に繋がる。これらのことは温暖化と相まって生命の発展にとって好都合なのである。ナンスらは、原生代初期から新生代にわたる上記のような超大陸の形成と分裂のサイクルと地球環境変化を図に示し、対応する場合が多いと指摘している（図 C21b）。

　以上のような超大陸サイクルと地球環境変動の関係は、1980 年代には大まかな事実と考え方が認識され、大方の理解となった。その後 1990 年代にスノーボールアース説の出現に伴って、超大陸事件と地表環境の精密な時期関係や関連して変動する機構についての議論が行なわれるようになって来た。2007 年に磯崎は超大陸分裂時の激烈な火山活動による大気の火山ガス汚染や火山粉塵による太陽光の遮蔽効果が生物の大量絶滅に関係したであろうとの議論を展開した[42]。2008 年に丸

42　本文で記述のように、2.6 億年前頃のパンゲア分裂時の膨大・激烈な火成活動が地球温暖化に引き続く地球寒冷化と生物大絶滅をもたらしたとの議論もある（Isozaki, 2007; Nance et al., 2014）。しかし、図 C21a に示されるように、顕生代の地球環境変遷はおおまかには超大陸分裂時に温暖化と生物種の増加が顕著である。

山とサントシらは超大陸事件が生物進化に大きな影響を与えた事実関係を南中国地塊のデータで示した。田近は2009年の書の中で地質事件が環境変化をもたらすに至るまでの時間や変化した環境の継続時間の重要性を示した。

　以上のように、超大陸サイクルと地球環境変動は疑いなく密接に関係している。そして地球環境変動はまた、生物進化にも深く関わっている。現代の地球科学の最もホットで興味深い研究課題である。

参考文献・資料

第1章

Alfred Wegener Museum, 2020, Alfred Wegener, Lebenslauf. https://www.alfred-wegener-museum.de>alfred-wegener.html. 2020 年 10 月 9 日ダウンロード.

アンデル T.H.V., 1987, さまよえる大陸と海の系譜―これからの地球観（Andel, T.H.V., 1985, New Views on an Old Planet – Continental Drift and the History of Earth, Cambridge Univ. Press）, 卯田強訳, 1987, 築地書館, 127-145 頁。

Dewey, J.F., 1972, Plate Tectonics. Scientific American 226（5）, 56-68.

Heezen, B.C., 1969, The world rift system: An introduction to the symposium. Tectonophysics 8, 269-279.

Kehrt, C., 2013a, Bibliography of Alfred Wegener. In The Wegener Diaries, Scientific Expeditions into the Eternal Ice. https://www.environmentandsociety.org/ exhibitions/ wegener-diaries/biography-alfred- wegener. 2020 年 10 月 9 日ダウンロード.

Kehrt, C., 2013b, The Danish North Greenland Expedition 1912-1913. In The Wegener Diaries: Scientific Expeditions into the Eternal Ice. https:// enrironmentandsociety. org/exhibitions/Wegener-diaries/ 2020 年 10 月 17 日ダウンロード.

Kehrt, C., 2013c, The Gernam Greenland Expedition 1930-1931. In The Wegener Diaries: Scientific Expeditions into the Eternal Ice. https://enrironmentandsociety. org/ exhibitions/Wegener-diaries/. 2020 年 10 月 17 日ダウンロード.

Lockerby, P., 2010, Arctic Heroes #1-Alfred Wegener. In: Science 2.0. https://science20. com/chater-box/arctic_heroes_1_alfred_wegener. 2020 年 10 月 17 日ダウンロード.

Maruyama, S., 1994, Plume tectonics. Jour. Geol. Soc. Japan 100（1）, 24-49.

Marymama, S., et al., 2007, Superprum, supercontinent, and post-perovskite: Mantle dynamics and anti-plate tectonics. Gondwana Research 11, 7-37.

丸山茂徳・磯崎行雄, 1997, 生命と地球の歴史. 岩波新書, 275 頁.

丸山茂徳ら, 2011, 太平洋型造山帯―新しい概念の提唱と地球史における時空分布―. 地学雑誌 120（1）115-223 頁.

Miyashiro, A., 1961, Evolution of metamorphic belts. Jour. Petrol. 2, 177-311.

オッグら, 2012, 要約 地質年代.（Ogg, J.G., Ogg, G. and Gradstein, F.M., 2008, The Concise Geologic Time Table. Cambridge Univ. Press）, 鈴木寿志訳, 2012,

120

京都大学出版会，185 頁．

Stuerzl, H., 2012, Alfred Wegener In: File: Alfred Wegener, Wikimedia Commons. 2020 年 12 月 5 日ダウンロード．

上田誠也, 1978, プレートテクトニクスと地球の歴史．上田誠也・水谷仁（編）地球—岩波講座地球科学 1．岩波書店，225-308 頁．

上田誠也ら, 1979, 変動する地球 II—海洋底—．上田誠也・小林和男・佐藤任弘・斉藤常正（編），岩波講座地球科学 11．岩波書店，302 頁．

Wegener, A., 1966, The Origin of Continents and Oceans, 4th edition.（Wegener, A., 1929, Die Entstehung der Kontinente und Ozeane, die viert Auf.），J. Biram (Transl), 1966, Dover, NY, 245 pages.

Wegener, K., 1966, Alfred Wegener. In: A. Wegener（author, 1929）and J. Biram（Transl, 1966），The Origin of Continents and Oceans, Dover, iii-v.

Wikipedia, 2020a, Alfred Wegener. https://wikipedia.org/ wiki/alfred_wegener#Early-life-and-education. 2020 年 10 月 9 日ダウンロード．

Wikipedia, 2020b, Robert Peary. https://en.wikipedia.org/Robert_Peary#1898-1902_expeditions. 2020 年 12 月 5 日ダウンロード．

Wilson. J.T. 1965, A new class of faults and their bearing on continental drift. Nature 207, 343-347.

吉田昌樹, 2019, プレートテクトニクス 50 年のいま．バリティ 34（1），2-4 頁．

第 2 章

Barrett, P.J., Baillie, R.J., and Colbert, E.H., 1968, Triassic amphibian from Antarctica. Science 161（3840），450-462.

Bogdanov, D., 2007, Lystrozaurus. In:Wikimedia Commons, Commons.m.wikimedia.org/ wiki /File:Lystr_murr1DB.jpg#mw-jump-to-license. 2021 年 6 月 6 日ダウンロード．

Cefelli, R.L., 1980, A reassessment of Labyrinthodont paleolatitudinal distribution. Paleozoography, Paleoclimatology, Paleoecology 30, 121-131.

Corbert, E.H. and Williams, J., 1974, Labyrinthodont amphibians from Antarctica. American Museum novitates 255, 1-30.

Dott, R.H., Jr. and Batten, R.L., 1981, Pangea: Its makeup and breakup. In: Evolutionn of the earth, McGrao-Hill, 377-404.

Du Toit, A.L., 1937, Our Wandering Continents. Oliver and Boyd, Edinburgh & London, 366 pages.

Dutta, P., 2002, Gondwana lithstratigraphy of Peninsular India. Gondwana Research 5 （2），540-553.

Dvorsky, G., 2019, Rare fossil of Triassic reptile discovered in Antarctica. G I Z M O D O, https://gizmodo.com/ rare-fossil-of-triassic-reptile-discovered-in-antarctic-18322018515. 2021 年 6 月 6 日ダウンロード.

早川卓志, 2019, コアラはフクログマ？フクロザル？〜オーストラリアの有袋類の多様性〜. モンキー 3 巻 4 号 110-111 頁.

Kious, W.J. and Tilling, R.I., 1996, This Dynamic Earth: The Story of Plate Tectonics. USGS, https://pubs.usgs.gov/gip/dynamic/ revision.html. 2009 年 3 月 15 日ダウンロード.

Kitching, J.W., Collinson, J.W., Elliot, D.H. and Colbert, H., 1972, Lystrosaurus zone（Triassic）fauna from Antarctica. Science 175（4021）, 524-527.

Lindeberg, P., 2001, no title（common fossils in Gondwanan continents）. In: This Dynamic Earth, USGS, 2001, 8.

Parrington, F.R., 1948, Labyrinthodonts from South Africa. Proceedings of the Zoological Society of London 118（2）, 426-445.

Raj, P. 2017, Gondwana supergroup In: Education, Massachusetts Institute of Technology, https://slideshare.net/pramodgpramod/gondwana-supergroup. 2020 年 12 月 10 日ダウンロード.

Tamura, N., 2007a, Cynognathus. In:Wikimedia Commons, Commons.m.wikimedia.org/ wiki /File:Cynognathus_BW.jpg#mw-jump-to-license. 2021 年 6 月 6 日ダウンロード.

Tamura, N., 2007b, Mesozaurus. In:Wikimedia Commons, Commons.m.wikimedia.org/ wiki /File:Mesozaurus_BW.jpg#mw-jump-to-license. 2021 年 6 月 6 日ダウンロード.

Tamura, N., 2007c, Labyrinthodontia. In:Wikimedia Commons, Commons.m. wikimedia.org/wiki /File:Ichthyostega_BW.jpg#mw-jump-to-license. 2021 年 9 月 23 日ダウンロード.

The Perth Express, 2020, オーストラリアの有袋類. http://www.theperthexpress. com.au/ contents/special/vol92/p2.htm. 2020 年 8 月 10 日ダウンロード.

Wegener, A., 1966. The Origin of Continents and Oceans, 4th edition.（Wegener, A., 1929, Die Entstehung der Kontinente und Ozeane, die viert Auf.）, J. Biram（Transl）, 1966, Dover, NY, 245 pages.

Wikipedia, 2020a, Koala. https://en.m.wikipedia.org/wiki/Koala. 2020 年 12 月 10 日ダウンロード.

Wikipedia, 2020b, Marsupial. https://en.m.wikipedia.org/ wiki/Marsupial. 2020 年 12 月 14 日ダウンロード.

Wikipedia, 2021, Mesozaurus. https://en.m.wikipedia.org/wiki /Mesozaurus, last edit 2. 2021 年 6 月 6 日ダウンロード.

Yoshida, M. et al., 1996, Geochronologic constraints of granulite terranes of South

India and their implications for the Precambrian assembly of Gondwana. In: M. Yoshida, M. Santosh and M. Arima（Eds.）, Precambrian India within East Gondwana, Special Issue, J. Asia Earth Sci. 14, 137-147.

吉田勝, 1996, 先カンブリア代－初期古生代の東ゴンドワナ─周東南極変動とパンアフリカ変動. 月刊地球 18（6）398-403 頁.

第 3 章

Bogue, S., 2006, Vectors（software）. In: Scott Bogue's Home Page, Handy software. https://sites.oxy.edu/bogue/my-progs.htm, 2021 年 9 月 11 日ダウンロード.

Funaki, M., Yoshida, M. and Vitanage, P.W., 1990, Natural remanent magnetization of some rocks from southern Sri Lanka. Proc. NIPR Symposium on Antarctic Geosciences 4, 231-240.

Hailwood, E.A., 1974, Paleomagnetism of the Msissi Norite（Morocco）and the Paleozoic reconstruction of Gondwanaland. Earth and Planetary Science Letters 23, 376-386.

前中一晃 , 2006, 日も行く末ぞ久しき─地球科学者松山基範の物語. 文芸社, 東京, 203 頁.

McElhiny, M.W., 1973, Paleomagnetism and Plate Tectonics. Cambridge Univ. Press, 264, Fig. 138.

笹嶋貞雄・鳥居雅之 , 1973, 古地磁気と陸地の移動─とくに日本海の生成と関連して─. 地学雑誌 92-7, 38-47 頁.

山口大学 HP, 2020, 初代学長　松山規基 . 歴代学長 , http://yamaguchi-u.ac.jp/ info/ 1813.html 2020 年 12 月 10 日ダウンロード.

第 4 章

Candan, O. et al., 2016, Late Neoproterozoic gabbro emplacement followed by early Cambrian eclogite-facies metamorphism in the Menderes Massif（W. Turkey）: Implications on the final assembly of Gondwana. Gondwana Research 34, 158-173.

Cawood, P.A. et al., 2005, Terra Australis Orogen: Rodinia breakup and development of the Pacific and Iapetus margin of Gondwana during the Neoproterozoic and Paleozoic. Earth Science Reviews 69（3-4）, 249-279.

Cawood, P.A. et al., 2007, Early Paleozoic orogenesis along the Indian margin of Gondwana: Tectonic response to Gondwana assembly. Earth and Planetary Science Letters 255, 70-84.

Condie, K.C., 2003, Supercontinents, superplumes and continental growth: the Neoproterozoic record. In: Yoshida, M. et al.（Eds）, Proterozoic East

Gondwana: Supercontinent Assembly and Breakup. Geological Society, London, Sp. Pub. 206, 1-21.

Fitzsimons, I.C.W., 2000, Grenville-age basement provinces in East Antarctica: evidence for three separate collisional orogens. Geology 28, 879-882.

Fitzsimons, I.C.W., 2003, Proterozoic basement provinces of southern and southwestern Australia, and their correlation with Antarctica. In: Yoshida, M. et al.（Eds）, Proterozoic East Gondwana: Supercontinent Assembly and Breakup. Geological Society, London, Sp. Pub. 206, 93-130.

Hajna, J., Zak, J., Dorr, W., 2017, Time scales and mechanism of growth of active margins of Gondwana: A model based on detrital zircon ages from the Neoproterozoic to Cambrian Blovice accretionary complex, Bohemian Massif.　G o n d w a n a Research 42, 63-83.

Hoffman, P.F., 1991, Did the breakup of Laurentia turn Gondwanaland inside-out? Science 252, 1409-1411.

Jacobs, J. et al., 1998, Continuation of the Mozambique Belt into East Antarctica: Grenville-age metamorphism and polyphase Pan-African high-grade events in central Dronning Maud Land. Geology 106, 385-406.

Li, Z.X. et al., 2008, Assembly , configuration, and break-up history of Rodinia: A synthesis. Precambrian Research 160, 179-210.

Lu Fort, P. et al., 1986, The 500 Ma magmatic event in alpine southern Asia, a thermal episode at Gondwana scale. In Le Fort P. and other（eds.）, Evolution des domains orogeniques d' Asie meridionale. 47. Science de la Terre, Nancy, 191-209.

Marquer, D., Chawla, H.S., Challandes, N., 2000, Pre-Alpine high-grade metamorphism in the High Himalaya crystalline sequences: evidence from Lower Palaeozoic Kinnaur Kailas granite and surrounding rocks in Sutlej Valley（Himal Pradesh, India）. Eclogae Geologicae Helvetica 93, 207-220.

Murphy, J.B. et al., 2001, Animated History of Avalonia in Neoporoterozoic-Early Palaeozoic. In: Jessell, M.J., General Contributions: 2001. Journal of the Virtual Explorer 3, 45-58.

Nance, R.D. et al., 2012, A brief history of the Rheic Ocean. Geoscience Frontiers 3 (2), 125-135.

Powell, C.McA and Pisarevsky, S.A., 2002, Late Neoproterozoic assembly of East Gondwana. Geology 30, 3-6.

Sengor, A.M.C., 1984, The Cimmeride orogenic system and tectonics of Eurasia. Geological Society of America, Special Paper 195, 82.

Shiraishi, K. et al., 2003, Timing of thermal events in eastern Dronning Maud Land, East

Antarctica. Polar Geoscience 16, 76-99.

Stern, R.J., 1994, Arc assembly and continental collision in the Neoproterozoic East African Orogen: implications for the consolidation of Gondwanaland. Annual Reviews of Earth and Planetary Sciences 22, 319-351.

Stöcklin, J., 1980, Geology of Nepal and its regional frame. Journal of The Geological Society, London 137, 1-34.

Torsvik, T.H., et al., 2009, The Tethyan Himalaya: palaeogeographical and tectonic constraints from Ordovician palaeomagnetic data. Journal of The Geological Society, London 166, 679-687.

Valdia, K.S., 1995, Proterozoic sedimentation and Pan-African geodynamic development in the Himalaya. Precambrian Research 74, 35-55.

Wingate, M.T.D., Pisarevsky and S.A., Evans, D.A.D., 2002, Rodinia connections between Australia and Laurentia: no SWEAT, no AUSWUS? Terra Nova 14, 121-128.

Xu, Y., et al., 2013, Linking south China to northern Australia and India on the margin of Gondwana: Constraints from detrital zircon U-Pb and Hf isotopes in Cambrian strata. Tectonics 32, (6) 1547-1558.

吉田勝, 1974, 南米の地質とパタゴニア・アンデス. 北大パタゴニア委員会（編）氷河と岩と森の国, 北海道大学図書刊行会, 111-117 頁.

Yoshida, M., 1982, Superposed metamorphism and its implication to the geologic history of the Ellsworth Mountains, West Antarctica. Mem. National Inst. Polar Research, Special Iss. 21, 120-171.

吉田勝, 1996, 先カンブリア代－初期古生代の東ゴンドワナ―周東南極変動とパンアフリカ変動. 月刊地球 18 (6), 398-403 頁.

吉田勝, 1997a, 先カンブリア代東ゴンドワナの最近の研究. 地球科学 51 (5), 309-322 頁.

吉田勝, 1997b, 「マダガスカルの原生代地質」国際フィールドワークショップ報告. 地質学雑誌, 1997 年 10 月号.

Yoshida, M., 2007, Geochronological data evaluation: Implications for the Proterozoic tectonics of East Gondwana. Gondwana Research 12, 228-241.

吉田勝, Rajesh, H.M., 伊藤正裕, 1997, マダガスカルの地質と鉱物資源に関するシンポジウム報告, 地質学雑誌, 1997 年 10 月号.

Yoshida, M. et al. (Eds), 1999, Madagascar within Gondwanaland. Special Issue, Gondwana Research 2 (3), 333-503.

Yoshida, M. and Upreti, B.N., 2007, Neoproterozoic India within East Gondwana: Constraints from recent geochronologic data from Himalaya. Gondwana Research 10, 349-356.

吉田勝, ウプレティ, B.N., 2007, ヒマラヤと南極の地質：2006 年のエベレスト

地域野外調査. 極地 85, 68-71 頁.

Yoshida, M. et al., 2003, Role of Pan-African events in the Circum-East Antarctic Orogen of East Gondwana: a critical overview. In: M. Yoshida, B.F. Windley and S. Dasgupta (Eds.), Proterozoic East Gondwana: Supercontinent assembly and Breakup. Geological Society Special Publication 206, 57-75.

Yoshida, M., et al., 2019, Early Paleozoic zircon ages of the Higher Himalayan Gneisses of the Everest region and their Pan-African/Proto-Himalayan orogenic signature. Journal of Nepal Geological Society 59, 107-124.

第 5 章

アンデル T.H.V., 1987, さまよえる大陸と海の系譜―これからの地球観 (Andel, T.H.V., 1985, New Views on an Old Planet – Continental Drift and the History of Earth, Cambridge Univ. Press), 卯田強訳, 1987, 築地書館, 326 頁。

在田一則, 1988, ヒマラヤはなぜ高い. 青木書店, 東京, 172 頁.

浅間一男, 1975, 古生代末植物区の成立について. 地学雑誌 84 (2), 1-16 頁.

Bond, D.P.G and Wignall, P.B., 2014, Large igneous provinces and mass extinctions: An update. Geol. Soc. Am. Special Paper 505, total 16 pages.

Calandril & Iluziat, 2009, Global Distribution of Passive Margins. Figure, originally uploaded Sept. 1st, 2009), In Passive Margin, Wikipedia, 2020 年 12 月 10 日ダウンロード.

Davies, H.S., Green, J.A.M. and Duarte, J.C., 2018, Back to the future: Testing different scenarios for the next supercontinent gathering. Global and Planetary Changes 169, 133-144.

Dalziel, I.W.D., 1992, On the organization of American plates in the Neoproterozoic and the breakout of Laurentia. GSA Today 2 (11), 237-241.

de Wit, M., 1999, Gondwana reconstruction and dispersion. AAPG Search and Discovery Article #30001.

De Celles et al., 2004, Detrital geochronology and geochemistry of Cretaceous-Early Miocene strata of Nepal: implications for timing and diachroneity of initial Himalayan orogenesis. Earth and Planetary Sci. Lett. 227, 313-330.

Duarte, J.C. et al., 2018, The future of Earth's oceans: consequences of subduction initiation in the Atlantic and implications for supercontinent formation. Geol. Mag. 155 (1), 45-58.

Harris, P.T., et al., 2014, Geomorphology of the oceans. Marine Geology 352, 4-24.

Hoffman, P.F. , 1992, Rodinia, Gondwanaland, Pangea, and Amasia: alternating kinematic scenarios of supercontinantal fusion. EOS, Tans. Am Geophys. Union Fall meetig Suppl. 73, p. 282.

Hoffman, P.F., 1997, Tectonic genealogy of North America – An essay by Paul F. Hoffman. In: B. van der Pluijon and S. Marshak (eds.), Earth Structure: An Introduction to Structural Geology and Tectonics, McGraw-Hill, 607-614.

Hoffman, P.F., 1999, The break-up of Rodinia, birth of Gondwana, true polar wander and the snowball Earth. Journal of African Earth Sciences 28, 17-33.

井原賢, 2010, 海底油田の世界的現状. NHK テレビ, 視点論点, 2010 年 8 月 23 日放映.

Isozaki, Y. 2007, Plume winter scenario for biosphere catastrophe: the Permo-Triassic boundary case. In: Yuen, D.A. et al. (Eds.), Superplumes: Beyond Plate Tectonics. Springer, The Netherlands, 409-440.

磯崎行雄ら, 2010, 日本列島の地帯構造区分再訪―太平洋型（都城型）造山帯構成単元および境界の分類・定義―. 地学雑誌 119 (6), 999-1053 頁.

木崎甲子郎, 1988, 上昇するヒマラヤ. 築地書館, 214 頁.

木崎甲子郎, 1994, ヒマラヤはどこから来たか. 中央公論社, 173 頁.

Li, Z.X., et al., 2008, Assembly, configuration, and break-up history of Rodinia: A synthesis. Precambrian Research 160 (1-2), 179-210.

丸山茂徳・酒井英男, 1986, 複合大陸塊―アジアのテクトニクス. 北海道の地質と構造運動, 地団研専報 31, 487-518 頁.

丸山茂徳・磯崎行雄, 1998, 生命と地球の歴史. 岩波書店, 東京, 275 頁.

Maruyama, S. and Santosh, M., 2008, Models on Snowball Earth and Cambrian explosion. A synopsis. Gondwana Research 14, 22-32.

Maruyama, S., Santosh, M. and Zhao, D., 2007, Superplume, supercontinent, and post-perovskite: Mantle dynamics and anti-plate tectonics on the Core-Mantle Boundary. Gondwana Research 11, 7-37.

Metcalfe, I., 2013, Gondwana dispersion and Asian accretion: Tectonic and palaeogeographic evolution of eastern Tethys. Jour. Asian Earth Sciences 66, 1-33.

Nance, R.D. et al., 2012, A brief history of the Rheic Ocean. Geosci. Frontiers 3 (2), 125-135.

Nance, R.D., Evance, D.A.D., Murphy, B., 2022, Pannotia: To be or not to be. Earth Science Reviews 232, Article 104128.

Nance, R.D., Murphy, J.B. and Santosh, M., 2014, The Supercontinent cycle: A retrospective essay. Gondwana Research 25, 4-29.

Nance, R.D., Worsley, T.R. and Moody, J.B., 1986, Post-Archean biogeochemical cycles and long-term episodicity in tectonic processes. Geology 14, 514-518.

Norton, I.O., 1982, Paleomotion between Africa, South America, and Antarctica, and implications for the Antarctic Peninsula. In: C. Craddock (Ed.), Antarctic

Geosciences, Wisconsin Univ. Press, Madison, 99-106.

オッグら, 2012, 要約　地質年代.（Ogg, J.G., Ogg, G. and Gradstein, F.M. 2008, The Concise Geologic Time Table. Cambridge Univ. Press）, 鈴木寿志訳, 2012, 京都大学出版会, 185 頁.

Pittman, W.C., Larson, R.L. and Herron, E.M., 1974, Age of ocean basins determined from isochron map and magnetic anormaly lineations. Geological Society of America, Map and Chart Series, MC-6.

Powell, C. McA, Dalziel, I.W., Li, Z.X., McElhiny, M.W., 1996, Pannotia-the latest Neoproterozoic southern supercontinent. Poster presentation, 30th IGC, Beijing.

Raff, A.D. and Mason, R.G., 1961, Magnetic survey off the west coast of North America, 40o N. latitude to 52o N. Latitude. Geol. Soc. Amer. Bull. 72, 1267-1270.

Rast, N., 1997, Mechanism and sequence of assembly and dispersal of supercontinent. Jour. Geodynamics 23, 155-172.

Rogers, J.J.W., 1993, Final Report of Workshop on The Assembly of Gondwana. Submitted to the Continental Dynamics Program of the NSF, USA, 60 pages.

Rogers, J.J.W., 1996, A history of continents in the past three billion years. The Journal of Geology 104, 91-107.

Rogers, J.J.W. and Santosh, M., 2003, Supercontinents in Earth history. Gondwana Research 6, 357-368.

Sakai, H., 1983, Geology of the Tansen Group of the Lesser Himalaya in Nepal. Memoirs, Faculty of Sci., Kyushu Univ. Ser. D, Geology, 25, 27-74.

酒井治孝, 2005, ヒマラヤ山脈とチベット高原の情趣プロセス―モンスーンシステムの誕生と変動という視点から―. 地質学雑誌 111, 701-716 頁.

Segev, A., 2002, Flood basalts, continental breakup and the dispersal of Gondwana: evidence for periodic migration of upwellijng mantle flows（plumes）. EUG Stephan Mueller Special Publication Ser., 2, 171-191.

Sengör, A.M.C., 1984, The Cimmerian orogenic system and the tectonics of Eurasia. The Geol. Soc. Am. Special Paper 195, 80 pages with 2 large maps.

Sen Sarma, S., Storey, B.C. and Malviya, V.P., 2018, Gondwana Large Igneous Provinces（LIP）: Distribution diversity and significance. In: S. Sensarma and B.C. Storey（Eds.）, Large Igneous Provinces from Gondwana and Adjacent Regions, Geological Soc. London Special Publication 463（1）, 1-16.

Smith, K., 2012, Supercontinent Amasia to take North Pole position. Nature 8, Feb,. 2012

田近英一, 2009, 凍った地球―スノーボールアースと生命進化の物語. 新潮社, 195 頁.

Valentine, J.W. and Moors, E.M., 1970, Plate tectonic regulations of faunal diversity and sea level. Nature 228, 657-659.

Vine, F.J., 1968, Magnetic anomalies associated with Mid-ocean ridges. In: R.A. Phinny (Ed.) , The History of the Earth's Crust. Princeton Univ. Press, 73-89.

Williams, C. and Nield, T., 2007, Pangea, the comeback. New Scientist 196 (2626) , 36-40.

Wilson, T., 1966, Did the Atlantic close and then reopen? Nature 211, 676.

Worsley, T.R. et al., 1982, Plate tectonic episodicity. EOS, Tans. Am Geophys. Union 65 (45) , 1104.

Worsley, T.R. et al., 1986, Tectonic cycle and the history of the Earth's biogeochemical and paleoceanographic record. Paleoceanography 1, 233-263.

Worsley, T.R., Nance, R.D. and Moody, J.B., 1984, Global tectonics and eustasy for the past 2 billion years. Marine Geol. 58, 373-400.

Woudloper, 2008, Caledonides EN.svg, Wikimedia Commons, In: Caledonian orogeny, Wikipedia, 2021 年 1 月 10 日ダウンロード.

Xu, Y. et al., 2013, Linking south China to northern Australia and India on the margin of Gondwana: Constraints from detrital zircon U-Pb and Hf isotopes in Cambrian strata. Tectonics 32 (6) 1547-1558.

Yoshida, Masaki and Santosh, M., 2011, Future supercontinent assembled in the northern hemisphere. Terra Nova 23, 333-338.

吉田勝・学生のヒマラヤ野外実習プロジェクト, 2022, 学生のヒマラヤ野外実習プログラム VI—9 年間の総括. 地学教育と科学運動, 88, 55-66.

Yoshida, M. and Ulak, P.D., 2017, Geology and Natural Hazards along Kaligandki and Highways Kathmandu-Pokhara-Butwal-Mugling - Guidebook for Student Himalayan Exercise Tour -. Field Science Publishers, Hashimoto, 144 pages.

Yoshida, M. et al., 2019, Early Paleozoic zircon ages of the Higher Himalayan Gneisses of the Everest region and their Pan-African/Proto Himalayan orogenic signature. Jour. Nepal Geol. Soc. 59, 107-124.

Yoshida, M., Windley, B.F. and Dasgupta, S., 2003, Proterozoic East Gondwana: Supercontinent Assembly and Breakup. Geological Society Special Publication 206, 472 pages.

吉田勝, 1998, 超大陸の形成・分裂と地球環境. 月刊地球 20, 671-682 頁.

おわりに

　私とゴンドワナランドの最初の出会いは私が中学生、多分 2 年生だったから 1953 年のときだった。東京都大田区立田園調布中学校で社会科の牧五郎先生が黒板に大きな西ゴンドワナランド、つまり南米とアフリカを合体させた地図を描いてウエーゲナーの大陸漂移説を説明したことだった。牧先生の話は面白く、私の記憶にずっと残ることになった。後で先生に伺ったのだが、牧先生は早稲田大学で北田宏蔵教授に師事し、教授から 1926 年出版の「大陸漂移説解議」と言う日本で初めてウエーゲナーの著作を翻訳・紹介した書を頂いていたのである。その書は後に牧先生から著者に手渡されたというわけだ。

　1956 年に始まった南極探検への参加を志して北大の山岳部と理学部地質学鉱物学科に入った私は 1968 年に第 10 次日本南極観測隊に参加した。南極昭和基地周辺地域の野外調査で初めてゴンドワナの地質に触れて以来、南極とゴンドワナの地質研究にのめりこんだ人生となった。

　著者の南極とゴンドワナへの情熱を理解・応援してくれた木崎甲子郎、スリランカ、インドとネパールの研究に大きく協力してくれた P. W. ヴィタナーゲ、P. G. クーレイ、H. K. グプタ、B. P. ラダクリシュナ、M. サントシ、B. N. ウプレティ、私の南極研究の成果を世界に広めてくれた C. クラドック、R. オリヴァー、E. S. グリュー、ユネスコ・国際地質学連合地質対比計画「東ゴンドワナの原生代事件」に暖かい協力を惜しまなかった M. サントシ、R. S. ディヴィと A. T. ラオを始め、J. J. W. ロジャーズ、R. ウンルグ、I. ディエル、C. パウエル、諏訪兼位、A. クローナー、B. F. ウインドレイ、S. ダスグプタその他大勢のゴンドワナ地域の研究者ら（以上敬称略）との交流は著者のゴンドワナ研究の展開、国際ゴンドワナ研究連合の創立と国際誌 Gondwana Research の創刊・継続的発行に大きな

励ましとなった。すでに故人となった方も少なくないが、ここに改めて深甚の謝意を表したい。

なお、本書の第 3 章については、かつて極地研究所でお世話になった地磁気部門の船木実さんと中井睦美さんに目を通して頂き、多くのご指摘、ご指導とご意見を頂いた。本章はそれらを受けて改定されたのであるが、不正確あるいは誤りの部分があればそれは全く筆者の責任である。お忙しいところを筆者の無理なお願いに答えて下さったお二人に深く感謝している。

2023 年 11 月

吉田　勝

用語解説

項目	内容
アヴァロニア帯	4〜4.5億年前にローレンシアとバルチカの南縁に衝突した微小陸塊群で、その衝突事件は北米及び欧州のカレドニア造山運動。第5章1と第4章3参照。
アウスメクスモデル	11億年前のロディニア超大陸再構成モデルの一つ。オーストラリアとメキシコの対置を基本としたモデル。
アカディアン造山	イアピトゥス海がローレンシアの南縁に沈み込むときにアパラチア山脈南西部で行なわれた造山運動で、北東部の原アパラチア造山に連続する。
アジア中央複合変動帯	シベリア地塊をとりまく原生代末期から中生代の複数の変動を被っている変動帯。アルタイデスと同義。
アセノスフェア	岩流圏と訳され、プレートの下で地表より100〜300km深の層。地震波速度が遅いためマントルが部分溶融している部分と考えられ、流動性が高く、プレートの動きと直接に関係する。
アパラチア山脈	北米大陸東岸に沿う山脈で、古生代中期、古生代後期と中生代中期の造山帯が西から東の順に若い造山帯分布を示す。アパラチア複合造山帯としてはニューファウンドランドまで含まれる。
アルタイデス	アジア中央複合変動帯と同義。シベリア地塊をとりまく古生代初期から中生代の複数の変動を被っている。
アルバニー・フレイサー地域	オーストラリア南西部で太古代イルガルンブロックの南〜南東縁に平行分布する12〜16億年前頃の変成帯の地域。
アンガラ植物群	シベリアと北中国に産出する古生代後期の植物化石群で、寒冷気候を示す。
安山岩	暗灰色の火山岩で珪酸成分が60%前後、斜長石、輝石、角閃石などから成る。プレート収束帯に特徴的に産出する。
アンチアトラス帯	アフリカ北西縁のアトラス山脈の一部で、5億年前頃の基盤を持ち、3億年前頃のパンゲア形成事件の造山運動を示す。
イアピトゥス海	古生代初期に存在したゴンドワナランドの北西〜北縁の海で対岸にはローレンシアがあった。この海はローレンシア南岸に沈みこみ、ゴンドワナ北縁から別れた西アヴァロニアがローレンシアに衝突したときに消滅した。
イアピトゥススーチャー	イアピトゥス海がローレンシアの南縁に沈み込んで消滅した跡の構造帯で、北米のカレドニア変動帯南縁を画する。

インダス縫合帯	ヒマラヤ造山帯の北限を画す構造帯で、その北方はラサ地塊である。
インドクラトン	原生代後期には一体となっていたと考えられるインド亜大陸を構成する先カンブリア代地塊の集合した大陸地塊。
インドシナクラトン	インドシナ半島東部から中部を占める先カンブリア代の地塊。
インドシナ造山帯	中生代造山帯のうちインドシナ半島の部分。
インドヒマラヤ	インド国内のヒマラヤ地域で、主にネパール西方のクマオンヒマラヤ、ガルワルヒマラヤ、カシミールヒマラヤなどと、東方のシッキムヒマラヤを含む。
ヴァリスアルプス造山帯	東南アルプスでヴァリスカン造山帯の地質がよく保たれている地帯。
ウィルクスランド	東南極の中央部を除く東経 70 ～ 170 度の間の地域。東南極の中でもとりわけ広く氷床に覆われており、地質状況はわかりにくい。
ウィルソンサイクル	大陸が割れて中央海嶺ができて海が広がり、反対側で大陸ができる。やがてその大陸は割れて海が広がり、再び反対側で大陸ができる。この過程は幾度も繰り返されると想定される地殻変動過程。
内ゴンドワナ変動帯	ゴンドワナランドを構成する諸クラトンの間に発達する 5 ～ 7 億年前頃の変動帯と本書で提唱した。一般にはパンアフリカ変動帯と呼ばれる。
ウラル造山帯	3 億年前頃にバルチカとシベリアの衝突によって両地塊の間に発達した造山帯。
ウラン・鉛年代	ウラン同位体 ^{238}U は放射性壊変によって 45 億年でその 50%が鉛になる。そこで、初生的に鉛を持たない岩石や鉱物中のウランと鉛の量比を測定してその岩石や鉱物の年代を決める方法。実際にはそれぞれの同位体を測定する。
ウル巨大大陸	ロジャーズによって想像された地球最初期の巨大大陸。
エクロジャイト	ガーネットと輝石を特徴的に持つ変成岩で高圧～超高圧の変成作用で玄武岩などから形成される。
エディアカラ生物群	6 億年前頃に出現した地球史最初の巨大生物群。くらげなどの軟体動物群で、1947 年にオーストラリア南部のエディアカラ丘で発見された化石群。
エテンデカ玄武岩	パラナ玄武岩と対をなすアフリカ南西部の洪水玄武岩。ナミビア北西部とアンゴラ西部に分布する。

エルスワース山地	南極ウエッデル海南西沿岸近くの九州ほどの大きさの山地で南極の最高峰（5200 m）がある。古生代初期からペルム紀の堆積岩から成り、ゴンドワナランド南縁のペルム紀の造山運動を被っている。
縁海	大陸から分かれて離れ行く島弧と大陸の間の海で、島弧の形成をもたらした沈み込み帯の運動に関係して発達する。
縁辺堆積物	通常は大陸縁辺堆積物のことで、とりわけ受動縁辺堆積物を指す。第 5 章 3 を参照。
オフィオライト	過去の海洋底を示す地質体。通常各種の変質玄武岩質岩、深海底チャートや超苦鉄質岩から成る。
温室効果ガス	地球に温室効果をもたらす気体で、水蒸気ガス、メタンガス、炭酸ガスなど。
海溝	海洋底の狭く深い谷地形で、一般にはプレート収束帯で、衝突する両プレートの境界に発達する。
海退期	海水面が下がるために海岸線が沖のほうに移動する時期。地球全体についての場合と、特定の地域についての場合がある。
海台	頂部が平たんな海底の隆起地形で 100 平方メートル以上の大きさをもつ。火山性のものと大陸地殻を持つものがある。
海綿動物	原始的な多細胞生物。熱帯の海に生息する。骨格はスポンジとして化粧用に使われる。
海洋底拡大説	中央海嶺で湧き出すアセノスフェア物質によって新しい海洋底が形成される過程が地質時代から現在まで続いているという説で、事実である。
海洋プレート	地球表層に海洋地殻を持つプレート。
海嶺	海の底に連なる高まりでプレートの発散境界、火成活動によって海洋地殻が生産されているところ。
角礫質岩	ダイアミクタイトと同義だが、この日本語は氷河と無関係の岩石に対して使われる場合が多い。
崖錐堆積物	急崖の足元に崖から落下してきた岩屑が溜まったもの。断面の形態が錐と似ているところから命名された。
花崗岩	珪酸 70 % 以上の白っぽいごま塩状の外見を呈する深成岩で、主にカリ長石、石英、斜長石、黒雲母から成る。プレート衝突帯に特徴的に産出する。
火山性	火山活動に関係した性質。
火山島弧	海洋のプレート収束域に発達する火山列からなる島弧。
火成活動	火成作用と同義。
火成作用	火山活動や岩脈や深成岩体の貫入など、マグマのいろいろな活動のすべて。

カタイシア植物群	南中国や東南アジア諸国に出現する古生代後期の植物化石群で温暖気候を示す。
活動縁辺	海洋地殻の沈み込み帯がある大陸縁辺。
カドミア帯	5.5億年前ころにゴンドワナ北縁で変動を被った地帯で、その後ユーラメリカの欧州部分に衝突・融合した地帯。
カラハリクラトン	カラハリ砂漠地域を含むアフリカ南部から東南極の小部分までを含む先カンブリア代地塊。
カルー	通常カルー層群のことを言う。南部アフリカのカルー地方に広く分布する古生代後期～中生代の地層群でゴンドワナ累層群の一部。
カレドニア造山運動	北米及び欧州の骨格を作った古生代初期の造山運動。ローレンシアをとりまいていたイアピトゥス海の消滅に直接関係する。
カロライナ	ゴンドワナ北西縁から分かれて北米南東部の南北カロライナ州周辺の基盤となった地塊。
岩塩	塩化ナトリウム結晶集合体の岩石で、多くは過去の海が干上がって残った塩分が岩塩層となったもの。
環境変動事件	地球環境が変わる事件で通常は生物圏の自然環境変動事件を言う。
ガンジス沖積層	ガンジス平原を埋めている沖積層。
北中国クラトン	北中国地塊と同義。
北中国地塊	華北平原から山西省や夾西章に広がり、朝鮮半島北部も含む地域からなる先カンブリア代地塊。
基底	本文の場合は地層の最下部で下位の地層との境界面を指す。
ギプサム	硫酸カルシウムやその水和物で日本名は石膏。蒸発岩の主な構成鉱物である場合が多い。
逆磁極期	北磁極が地理上の南極周辺にある時期。
供給源方向	砕屑岩層を構成する粒子がもたらされた方向。
曲隆帯	地殻運動により地層が緩い盛り上がりを示す地帯。通常は直径数百mから数十キロほどの規模。
巨大火成岩区	広大な地域にわたり同時代同成因の火山岩類が分布する地域、現在は離れていても大陸分裂前には一体の巨大火成岩区をなしていた場合がある。
巨大国際協力研究	多数の国の研究者や共同研究グループが共同で解決に取り組む研究。
巨大大陸	超大陸と比較して記述される場合は2つ以上の大陸が合体した大きな大陸をいう。

キンメリア造山運動	キンメリア地塊群がバルチカ及びアジア中央変動帯南部に衝突した古生代末期と中生代中期〜末期にかけて行なわれた造山運動。
キンメリア造山帯	キンメリア造山運動を被った地帯。
キンメリア地塊群	古生代初期にゴンドワナランドの北〜北東縁から分かれて北上を開始した欧州南部〜中近東〜中国の諸地塊。第 4 章図 27、図 28 や本文参照。
クラトン	大陸地殻から成る大きな地殻。先カンブリア代地殻に限る場合もある。
クレバス	氷河にできる割れ目で通常数十センチから数十メートルの幅・長さで、通常数個から数十個が集中して分布する。特定範囲の氷河の流動の不均一によって生じる。
グレンヴィル変動	北米大陸東部の基盤に発達する 10 〜 12 億年前ころの変成作用を含む変動。ロディニアや東ゴンドワナ形成の変動も同時期で、同じ名前で呼ばれることがある。
黒瀬川帯	九州中部から西南日本南部に細長く連続する構造帯。前期古生代堆積岩類、結晶片岩、蛇紋岩などからなる。
グロソプテリス植物群	3 〜 2 億年前ころにゴンドワナ大陸に繁茂していたグロソプテリスを含むしだ植物群で、ゴンドワナ植物群とも呼ばれる。
結晶片岩	堆積岩などが中程度の変成作用をうけて変成鉱物集合体に変化した岩石。鉱物集合体の分布や鱗片状鉱物などの平行伸長や平行分布などによる片状構造を持つ。
原アパラチア造山帯	4.9 億年前頃にイアピトゥス海が北方ローレンシアの南縁に沈み込みを開始したその前縁で行なわれた造山運動。アパラチア山脈西縁から北部に分布する。
原猿類	霊長類（さる類）は人間まで進化した真猿類と原始的な原猿類に分かれる。原猿類はきつね猿、めがね猿などの総称でゴンドワナ地域、とりわけマダガスカルが代表的な生息地。
原核生物	細胞内に DNA を包む細胞核を持たない生物で、すべての単細胞生物。真核生物以外のすべての生物である。
原太平洋	7 億年前のロディニア分裂時に南極とローレンシアの間に広がった海。
原テチス海	タリム〜北中国地塊群の北方の海で古生代初期に存在した。古アジア海、古太平洋と呼ばれることもある。
原パンゲア	3.3 億年前にゴンドワナとユーラメリカが合体した最初のパンゲアで、アジアはまだ合体していない。
原ヒマラヤ造山運動	原ヒマラヤ帯が被った古生代初期の造山運動。第 4 章コラム 15 に詳述。

原ヒマラヤ造山帯	5億年前ころの周ゴンドワナ変動を被ったヒマラヤ地帯。
原ヒマラヤ帯	インド大陸北縁地域で厚い古〜新原生代の地層群が分布していた地帯。初期古生代に周ゴンドワナ変動を被った。
玄武岩	珪酸分の比較的少ない (50%前後) 黒っぽい火山岩で主に斜長石と輝石からなる。海嶺火山活動で流出する主な岩石。
玄武洞	玄武岩の名前のもととなった玄武岩体の洞窟で人が岩石採取した跡といわれる。松山基範が逆転磁場を発見した場所として有名。
古アジア大陸	インド亜大陸が衝突する直前のアジア大陸。南中国、インドシナ、マレー半島等はすでにアジア大陸の一部となっていた。
広域変成作用	広い地帯にわたる変成作用で造山運動の一構成要素。結晶片岩や片麻岩の形成が伴われる。
広域変成帯	広域変成作用を被った地帯。
恒温動物	体外の温度に左右されずに体の深部体温をある程度一定に保つ能力を持つ動物、温血動物と同じ。
後期古生代造山帯	3億年前頃の北方巨大大陸とゴンドワナランドの衝突造山運動の地帯。第5章2参照。
硬骨格生物	硬骨で構成される骨格を持つ動物、硬骨格動物とも言う。
洪水玄武岩	洪水のように広く広がる玄武岩溶岩。マントルの上昇流と大規模な地殻の割れ目に伴われる。台地玄武岩ともいう。
後生動物	単細胞の原生動物を除く動物の総称。
高ヒマラヤ帯	ヒマラヤ造山帯の中で高ヒマラヤ片麻岩類が分布する地帯。通常山脈の中〜高標高地帯である。
コールドプルーム	マントル全体の内でロート状の地震波高速度部分で低温高比重のマントル部分が下部に向けて流動している (プルームとなっている) 部分。
古磁極	過去の磁極、あるいは磁極の位置。
古磁極移動曲線	過去の磁極位置が時の経過とともに変化した磁極位置を結ぶ線。
コスタルゴンドワナ	ゴンドワナ累層群と連続して海岸側に堆積した新生代層。すでにゴンドワナは分裂、消滅していたが、堆積は連続的に行なわれた地域がある。主にインドで使われる用語。
骨格動物	硬骨格動物と軟骨格動物から成る。
古テチス海	ゴンドワナ北縁からタリム・北中国陸塊列が分離・北上した南側に広がった海。第4章3及び第5章5参照。パレオテチス海と同義。
コロンビア超大陸	20億年前ころに存在したと想像される超大陸。世界中に22〜18億年前変動帯が分布することがその根拠とされる。
ゴンドワナ	ゴンドワナランドと同義。

ゴンドワナ植物群	ゴンドワナランドの古生代後期層中に産出する植物化石群で寒冷気候を示す。グロソプテリスなどのしだ植物が典型的に含まれる。
ゴンドワナ堆積岩類	ゴンドワナ累層群の構成岩類全体。ゴンドワナ累層群とほとんど同義だが、火成岩体が除かれる場合がある。
ゴンドワナ堆積物	ゴンドワナランドの陸上に古生代後期から中生代末期に堆積した一連の地層全体あるいは一部を示す。全体はゴンドワナ堆積岩類、ゴンドワナ累層群などと呼ばれる。第 2 章 2 参照。
ゴンドワナ大陸片	ゴンドワナランドを構成する個々の大陸や小大陸。
ゴンドワナ地域	ゴンドワナランドを構成していた地域。
ゴンドワナランド	6〜1.5 億年前頃に南半球に存在していた巨大大陸、第 4 章 2 参照。
ゴンドワナ累層群	ゴンドワナランドの陸上に古生代後期から中生代末期に堆積した一連の地層全体、第 2 章 2 参照。
コンピュータシミュレーション	変化する事象の支配要素と見られるデータをもとに事象の変化予測をコンピュータ（PC）を使用して行う方法。データの選択に大きな任意性があり、またデータ読み込みの便宜性と PC 能力の限界もあって読み込データは単純化される。そのため実際の自然現象の解析には限界がある。
砕屑性ジルコン	岩石 A より古い別の岩石 B 中に形成されたジルコンが侵蝕・運搬、あるいは火成作用などで岩石 A の構成鉱物となったもの。
サイドモレーン	氷河の縁辺部には両岸から削剥落下する岩石片が堆積する。温暖期に氷河の氷が消失するとその堆積岩石片がかつての氷河の縁辺位置に長い丘陵地形を作る。この地形をサイドモレーンあるいはラテラルモレーンという。
砂漠性砂岩	砂漠地帯の砂層から形成した砂岩。ほとんど円摩石英粒からなり、鉄分は赤鉄鉱となって岩石全体として薄い赤茶色味を示す。
サバンナ	疎林や灌木が散在する熱帯の草原。熱帯雨林と熱帯砂漠の中間地帯に分布することが普通。
サムフラオ地向斜	ゴンドワナランド南縁に南米からニューギニアまで連続的な分布を示すシルル紀から白亜紀の厚い堆積岩地帯で古生代〜中生代に複数の造山運動を被った地帯。とりわけ、ペルム紀の造山運動はゴンドワナ変動として知られている。
サルダニア造山帯	南アフリカ、カラハリクラトンの南縁を画する原生末期から初期古生代（6〜5 億年前頃）の造山帯。
サンアンドレアス断層	米国南西部カリフォルニア州南部から北西部にかけて走る延長 1300km の横ずれ断層で、北米プレートと太平洋プレートの境界をなすトランスフォーム断層。

酸素同位体比	¹⁸O と ¹⁶O の分配が温度に依存することから、地質物質の酸素同位体比測定により同物質形成時の温度を推定できる。
三波川変成帯	西日本から関東地方にかけて日本列島の南部に連続して分布する変成岩の地帯で、低温・高圧型の変成作用を被っている。
シェラス	シエラは岩の多い山脈のことで、本文の場合は南米南東海岸沿いの小山塊群を指す。
シエラ造山帯	南米南東部の低い山群で、古生代後期の造山帯。ゴンドワナランド南縁でアフリカのカルー造山帯と連続する。
時期極性	時期によってその性質がどの方向に変化するかの性質。
自然残留磁気	ある岩石が形成されたときに記憶された当時のその場所の磁場。
シベリアクラトン	中央シベリア高原とその周辺の先カンブリア代基盤地殻、南方へ広がって行ったアジア大陸の最古の大陸核。
シベリア地塊	シベリアクラトンと同義。
縞状鉄鉱床	酸化鉄層とケイ酸塩層が細かい縞状をなす鉄鉱石からなる鉱床で、主に 19 億年前より古い時代に海に堆積して形成した。世界の鉄鉱床の大部分はこのタイプである。
褶曲	本来平坦だった地層が曲がっている状態。造山運動などに起因する外力によって変形、褶曲構造が形成される。
褶曲帯	褶曲構造がまとまって出現している地帯。
周ゴンドワナ変動	ゴンドワナランド形成の後期から末期にゴンドワナランド周縁地域で行なわれた造山運動、縁海の形成などの地殻変動も含む。第 4 章 3 参照。
収束境界	プレートとプレートが衝突する境界。
周東南極変動	東南極周縁の地質が被った 11 億年前頃の変動で、東ゴンドワナが形成された。第 4 章 1 参照。
周東南極変動帯	周東南極変動を被った地帯。
重複造山運動	1 つの地域に離れた時期に 2 回以上起こる造山運動で両造山運動が無関係で独立しているとき。第 4 章 2 やコラム 11、12 参照。
ジュラ系	ジュラ紀に形成された地層、岩石の全て。通常はある地域についての語。同様にカンブリア系、ペルム系などと使う。
衝上断層	断層の両側の地質体が重なるような断層で、圧縮応力を被ったところに発生する。
小大陸	オーストラリア程度より小さい大陸だが、明確な定義はない。大陸片などよりは大きいが、いずれも大陸との比較的な大きさとして使われる。
衝突型造山運動	プレートが衝突する収束境界で行われる造山運動。

蒸発岩	湖等の水分が全て蒸発するなどして水分以外の成分が結晶集合体などの岩石や岩石様の物質として残存する。ギプサムや岩塩などを多く含むことが普通。
初生断層	断層のない場所に初めて発生した断層。
シル	地層面に平行に貫入した板状の火成岩体。岩床と訳されている。
ジルコン	ジルコニウムのケイ酸塩 $ZrSiO_4$。無色・橙色・緑色などがあり宝石、無色のものはダイヤモンドの代替石とされる。風化・変成作用を殆ど受けず、ウランとトリウムを含むので年代測定に活用される重要な鉱物。
シワリーク層群	亜ヒマラヤ帯を構成する新生代の砕屑岩層で、新生代に上昇したヒマラヤの前縁に発達したモラッセ。
深海泥	深海底に堆積した泥で、赤色粘土や放散虫軟泥を含む。
真核生物	細胞核を持つ細胞からなる生物の総称で、原核生物以外のすべての生物を含む。20億年前ころに発生したと考えられている。
新期アパラチア造山帯	3.3億年前頃に始まったユーラメリカとゴンドワナの衝突にともなう造山運動で、アパラチア山脈の主体を構成した。
深成岩	地下深部でマグマが貫入・固結した岩石で花崗岩など。
新生代造山帯	新生代の造山運動が発達する地帯で、アルプスやヒマラヤが代表的。
新テチス海	ゴンドワナ北縁の新生代の海。キンメリア地塊群がゴンドワナ北縁から離れて北上したため、同地塊群とゴンドワナランドの間に広がった海。
シンブムクラトン	インド中北東部のインド最古のクラトンで、30億年より前には安定化した。
泰嶺帯（キンリンタイ）	中国東部で南中国と北中国を境する泰嶺山脈を構成する古生代初期から中生代の複合変動帯。東方は朝鮮半島北部から日本の飛騨山地南縁へ、西南部は崑崙造山帯へ、西北部は祁連造山帯へと連なっており、全体として中国中央変動帯と呼ばれる。
スイートモデル	11億年前のロディニア超大陸再構成モデルの一つ。北米南西部と東南極の対置を基本としたモデル。
スーチャー	縫合帯と同義。
スーパーコールドプルーム	コールドプルームの巨大なもの。中生代から現在までの地球ではアジア大陸の下にあり、アジア大陸の成長に基本的に関係している。プルームテクトニクスの主な支配要素。
スーパーホットプルーム	ホットプルームの巨大なもの。中生代から現在までの地球では太平洋とアフリカ大陸の下にある。プルームテクトニクスの主な支配要素。

ストロマトライト	藍藻類の死骸と泥粒などから成る層状構造の岩石で通常は同心円状の成長過程を示す。35億年前ころに発生し、30〜20億年前頃にかけて大繁殖して地球の気水圏に酸素をもたらした。
ストロンチウム同位体	ストロンチウム84、86，87，88などがある。$^{87}Sr/^{86}Sr$ は陸域物質に大きいので、陸域の浸蝕が大きさに比例することになる。^{87}Sr は ^{87}Rb の放射壊変で生成するので岩石の年代測定にも利用される。
スノーボールアース	地球全体が氷に覆われて雪玉のようになったと推定される時期の地球。
スラブ	プレート収束境界で地球深部に沈降していくプレート部分。
正磁極期	北磁極が地理上の北極周辺にある時期。
正断層	断層面を境にして両側の地質体が遠ざかるような断層。引っ張り応力による断層である。
生物圏	地球表層で生物の存在する領域で地表付近、水圏と大気圏の一部を含む。
生命進化事件	本文の場合は新しい種類の生物が発生する事件。一般には生物のいろいろな進化事件を言う。
石灰岩	炭酸塩鉱物の集合体。通常は海底に有機的、あるいは無機的に沈殿して形成。セメントの原材料として日本では武甲山が知られている。
漸移層	上部マントルと下部マントルの境界付近の200kmほどの厚さの部分で、上部マントルを主に構成する橄欖岩がより高圧で安定な岩石に変化して行くところ。
前期古生代造山帯	5億年前頃の周ゴンドワナ造山帯と4.5億年前頃のカレドニア造山帯など。
先ジュラ系基盤	ある地域におけるジュラ紀の地層・岩石より古い地質体でその地域の基盤をなしているときにいう。
扇状地堆積物	河川が山地から平野に出たところで形成される扇型の河川堆積物。緩い本流河床に支谷が流れ込んだ合流点などにもよく見られる。
せん断応力	岩石・地層に負荷されるせん断・変形・破壊等をもたらすような外力。
双極子磁石	プラスとマイナスの二つの極をもつ磁性物
造山運動	主にプレート収束境界で行なわれる地殻運動で、厚い地層の堆積、変形、変成作用、火成活動などが行なわれる。
造山帯	造山運動が行なわれた地帯。変動帯と同義として使われることもある。
層序	古い地層から新しい地層の重なり具合

粗粒玄武岩	細粒から中粒の完晶質玄武岩質岩で通常は岩脈や岩床として形成される。古い時代のものは多少変質したものが多く、その場合は輝緑岩と呼ばれる。
ターミナルモレーン	氷河の末端部では氷が融解し、氷河に運ばれてきた岩石片が堆積する。温暖期に氷河の氷が消失するとその堆積物は谷をふさぐような丘陵となる。この丘陵地形をターミナルモレーンあるいはエンドモレーンという。
ダイアミクタイト	角礫質岩を言うが、しばしば氷河性ダイアミクタイト、あるいは単にダイアミクタイトとして氷河性の角礫質岩を指す。
大ゴンドワナ	ゴンドワナの西縁に北米地塊が接触していたときのパノティアと呼ばれる巨大大陸の別称。
大ゴンドワナランド	大ゴンドワナと同義。
大水深海底石油・ガスフィールド	大陸縁辺の数百m深のタービダイト中に胚胎される石油・ガスを採掘するフィールド。
大西洋中部火成岩区	大西洋中部の東と西の大陸沿岸に分布する玄武岩を一括した火成岩区で、ゴンドワナ分裂前は一体の洪水玄武岩活動地域だった。
大西洋北部火成岩区	大西洋北部の大陸沿岸や沖合いに分布する玄武岩で、ゴンドワナ分裂前は一体の洪水玄武岩活動地域だった。
大絶滅事件	短い地質時間に地球上の大部分の生物種が絶滅する事件。
台地玄武岩	洪水玄武岩は通常台地を作るので洪水玄武岩と同義。
大地溝帯	アフリカ東部で南北に走る巨大な陥没地帯。プレート発散境界であり、火山活動が活発である。第1章4やコラム4参照。
ダイナモ理論	地球磁場は発電機（ダイナモ）における磁場と電流の相互作用と同じ理論で理解できるとする理論。
大陸移動説	大陸の移動を肯定する説、ウエーゲナーの大陸漂移説もそのひとつ。
大陸移動論	大陸移動説と同義。
大陸縁辺堆積岩類	本文では大陸受動縁辺堆積物のこと。沈み込み帯のない大陸の受動縁辺で大陸からもたらされる多量の砕屑物が長期にわたって堆積したもの。
大陸斜面	大陸棚と深海底を繋ぐ斜面で大陸地殻の端部分。
大陸成長	島弧の発達、造山作用や陸塊の衝突などによって大陸が大きくなること。
大陸棚	大陸縁辺の海底で海岸から大陸斜面上端の間の緩斜面部分で、その先端は海岸線から140km程度、海深200m程度である。最終氷期の大海退が成因とされている。
大陸漂移説	1915年にウエーゲナーが提案した大陸の移動説、第1章2参照。

大陸プレート	地球表層に大陸地殻を持つプレート。
大陸片	大陸地殻を持つ小地塊、一般には小大陸より小さい場合に使われる。本文の場合は大陸、亜大陸、陸片を含むすべてを指している。第2章3参照。
滞留スラブ	地下600km前後の上部マントル下底に滞留しているスラブ。構成鉱物が密度の高いものに変わると落下スラブとなる。
多細胞生物	複数の細胞で体が構成されている生物。10億年前ころから出現した。動物と植物のすべては多細胞生物である。
タスマン造山帯	オーストラリアの東部3分の一を占める初期古生代から初期中生代の複合変動帯。西から東に若くなるデラメリアン、ラクラン、ニューイングランドの3造山帯から成る。
タリムクラトン	タリム盆地の先カンブリア代基盤地殻、4億年前ころにはゴンドワナ北縁から離れて北方に移動して行った。図44参照。
タリム地塊	タリムクラトンと同義。
ダルワールクラトン	インド中南部のクラトンで25億年前頃には安定化した。
炭酸塩岩	炭酸塩鉱物から成る岩石、石灰岩など。
炭酸塩鉱物	炭酸と金属がむすびついた鉱物。炭酸カルシウム、炭酸マグネシウムなど。
タンセン層群	低ヒマラヤ帯北部に分布する古生代後期〜新生代の陸成層で、ゴンドワナ累層群の一部。
断層作用	断層によって両側の地質体の相対的位置を変化させる作用。本文の場合は主に圧縮応力によって逆断層や衝上断層ができ、両側の地質体が重なるような作用。
炭素同化作用	生物が二酸化炭素を吸収して有機物を合成する生理作用で、その合成過程で酸素を発出する。炭酸同化作用ともいう。
地塊	大陸地殻をもつ陸片。クラトンと同義とすることもある。
地殻	マントルの上位にあって地球表層全てを覆う部分。花崗岩質の大陸地殻と玄武岩質の海洋地殻から成る。
地殻運動	地殻の上昇、沈降、断裂、変形、地殻物質の変成作用、火成活動などがある。大規模なものはプレート境界で行なわれる。
地球環境	一般的には人間の生存環境に関係する自然環境で、超高層、地磁気、マントルや核の環境は含まない。
地球磁場	地球磁石に磁気的に影響され得る空間位置で、言い換えれば地球磁力線が分布している空間位置。
地球磁力線	地球の南磁極から北磁極に向かう磁場の流れの方向線で、地球上のある場所における磁石の針が示す方向はその場所の磁力線と一致する。

地向斜	10000 m前後以上の厚い堆積物が分布する帯状の海域堆積盆。1900年前後に造山運動が発生する地帯として意義付けられた。プレートテクトニクスが理解された今日では造山運動への転化論は成立しなくなった。
地磁気	地球の持つ磁気で地球全体として南極がプラス、北極がマイナスの棒磁石のような性質である。外核流体の流動によると考えられる。第3章1と第5章3脚注4参照。
地磁気極性年代表	地球史の中で地磁気の正逆時期を表示している図表。年代測定に利用される。
地磁気縞模様	海洋底に広がる地磁気全磁力の強弱の縞模様。海洋底が中央海嶺から次々と広がったことに起因する。第5章3に詳しく説明。
地磁気全磁力	ある場所における、測定される地球磁場の強さ。
地質学	地球表層のすべての地学事象を取り扱う学問で、とりわけ地殻、堆積物と古生物を研究・教育対象としている。
地質構造	地質体の空間的形態や配置の様子。
地質事件	ある地域の地質構成や地質構造が変わる事件。
地質体	同一の成因的、時間的性質を持つ地層・岩石の集合体。
地質帯	地質構造運動である程度同一の意味を持つ地質体が集合する地帯。
地質分布	地質体の空間的分布の様子。
チャート	海底に堆積した微細粒石英質の岩石で放散虫などの生物起源と海底火成活動起源のものがある。
中央海嶺	海洋の中央付近に分布する海嶺で、その海洋の地殻を作る火山活動の源となった海底山脈。プレートの発散境界。
中生代造山帯	本文の場合、ゴンドワナランド北縁から分かれた陸塊群が次々と北方大陸に衝突した造山帯でキンメリア造山帯の主部を構成する。
超大陸	地球上の大陸核の80％程度以上が集合した巨大大陸。第5章コラム20参照。
超大陸サイクル	ウィルソンサイクルによって地球の歴史で数億年間隔で超大陸の形成と分裂が繰り返されたサイクル。
超大陸事件	超大陸が形成される地質事件。
超大陸時代	超大陸が存在していた時代。
沈積スラブ	落下スラブがマントル底部に到達してそこに集積したスラブ。
低ヒマラヤ帯	ヒマラヤ造山帯の中で低ヒマラヤ変堆積岩類が分布する地域。ヒマラヤ山脈南部の中標高地帯にほぼ一致する。

低ヒマラヤ変堆積岩類	低ヒマラヤ帯を構成する地質体。前期〜後期原生代の陸棚堆積物で泥岩、石灰岩で少量の火成岩類が含まれる。ごく低度の変成作用を受けている。
定方位サンプル	採集した岩石サンプルが採集位置で地球座標上どのような向きであったかがわかるように印をつけられたサンプル。
テクトニクス	地質構造を作る地質の構造運動全体。
テチス海	パンゲア超大陸の東で、ゴンドワナランドとローラシアの間に広がっていた海で、その西の延長は地中海となった。第5章4と5参照。
テチスヒマラヤ帯	ヒマラヤ造山帯の北部でテチス層群が分布する地域。
テチス複合変動帯	欧州から東アジアにかけてゴンドワナと古ユーラシアの間に分布する古生代後期から新生代の複合変動帯で、この変動によって古テチス海と新テチス海が順次閉じた。
テラオーストラリス変動帯	ゴンドワナランド南縁に連続分布する原生代末期〜古生代末期の複合変動帯。デュトワのサムフラオ地向斜の北に沿って分布する。この変動はゴンドワナ変動に引き継がれたとの見方が多い。
デラメニアン造山帯	オーストラリア南東部〜北東部の初期古生代〜中生代のタスマン褶曲帯の西端部を構成する初期古生代の造山帯。
ドゥムリ層	タンセン層群最上部の中新世の砕屑岩層。当時すでに高い山脈となっていた古ヒマラヤ山脈のモラッセ。
ドゥロンニングモードランド	東南極の中央部を除く東経40〜西経20度の間の地域。岩盤が露出している山地が多く分布し、日本を含む各国の調査隊が活躍している。
トランスフォーム断層	海嶺やリフトの発生に関連して活動した横ずれ断層。第1章4参照。
ドリフトセオリー	ウエーゲナーによる「ドリフトセオリー」が「漂移説」と訳された。大陸漂移説と同義。
ドロップストーン	氷河性微細粒堆積物中にまれに含まれる礫。氷河末端の湖に浮かぶ氷山から落ちる礫で、微細粒堆積物の成層構造を乱す特徴的な産状を持つ。
南北性の褶曲構造	褶曲軸(褶曲した地層の谷下部や尾根上部)の連続方向が南北の褶曲構造。
ニーナ超大陸	北欧(NE)と北米(NA)のクラトンが18億年前頃に接合していたと考えられた巨大大陸で、ホフマンはヌーナと呼んだ。
西アヴァロニア	ゴンドワナ北西縁から分かれた陸片群で、4億年前頃にアパラチア山脈東縁に合体した。第4章3の図28と第5章1参照。

西ゴンドワナ	ゴンドワナランド西半分でアフリカと南アメリカの接合した巨大大陸。
ヌーナ超大陸	P. ホフマンが示した北米と北欧を対置させた 18 億年前頃の巨大大陸。北極域を意味するエスキモー語。
熱対流	物質は暖められると軽くなる。マントルのホットプルームも、花崗岩体の上昇もそのためだ。均一の物質の一部が暖められて軽くなると上昇し、上昇した後には周りの部分が入り込み、全体として流動する。第 1 章コラム 3 参照。
発散境界	プレートとプレートが離れ行く境界で、境界には海嶺かリフトがあり、火成活動によって新しいプレートが生産されていく。
パラナ・エテンデカ	南米のパラナとアフリカのエテンデカ火成岩区がゴンドワナでは一体であったとした巨大火成岩区。
パラナ玄武岩	南米中東部、サンパウロの南西〜西のパラナ盆地を広く埋める白亜紀前期の洪水玄武岩で、ゴンドワナ分裂時の活動。
バルチカ	東欧とロシアウラル山脈以西地域の先カンブリア代基盤地塊。
パンアフリカ変動	アフリカの広い地域で確認された 5 〜 7 億年前の変動で、その後ゴンドワナ地域全域に発達する同じ時期の変動もパンアフリカ変動と呼ばれるようになった。第 4 章 2 参照。本文では内ゴンドワナ変動とも呼んだ。
パンゲア	3.3 〜 1.5 億年前に存在した超大陸で、現在の 6 大陸がすべて含まれていた。2 億年前頃から分裂を開始して現在の大陸分布となった。第 1 章 1、第 2 章 5、第 5 章 2 など参照。
パノティア	6 億年前頃にゴンドワナ西縁にローレンシアとバルチカが衝突・合体して短期間存在したとされる超大陸。最近その存在に疑問がだされた。
パンピアン造山帯	南米南西部でアンデスの東麓、コルドバ山塊やパンピーナス山塊を構成する古生代前期 (5.5 〜 5.2 億年前頃) の造山帯。この造山運動はファマティニアン造山に引き継がれている。
東アヴァロニア	ゴンドワナ北西縁から分かれた陸片群で、イベリア、フランス、ボヘミア地塊などから成る。第 4 章 3 の図 28 参照。
東ガート山地	インド半島北東海岸に沿う山脈で、11 億年前頃と 5 億年前頃の変成作用を被っている。
東ゴンドワナ	ゴンドワナランドの東半分で、南極、インドとオーストラリアから成る。第 4 章 1、2 参照。
東ゴンドワナランド	東ゴンドワナと同義。
東サハラクラトン	サハラ砂漠の東部、チャド共和国あたりを中心とした地域の先カンブリア代地塊。

光合成生物	太陽光を直接エネルギー源として利用して有機物を合成できる生物。炭素同化作用を行う緑色植物を含む。
非整合	一連の地層の重なりが期待されるところで、一部の地層が欠如しているが、欠如部分の上下の地層は平行で浸蝕の形跡もない場合の欠如部分の上下の地層の地質構造関係。
飛騨外縁構造帯	飛騨帯南縁を画す構造帯で、古生代堆積岩類、結晶片岩、蛇紋岩などから成る。キンメリア変動帯の一部（泰嶺帯）に連なると見られ、中生代中期の変動を記録している。
ヒマラヤ造山帯	ヒマラヤ山脈を構成する地質体すべてが分布する地帯。山脈前縁のガンジス沖積帯を入れる場合もある。
漂移説	大陸漂移説と同義。
氷河痕跡	氷河がかつて存在したことを示す痕跡で、モレーン、迷子石、氷縞粘土層や各種の氷河地形などがある。
氷河時代	地球に氷河があった時代、そのうち氷河が広がった時期を氷河期あるいは氷期、その他の時期を間氷期と呼ぶ。現在は氷河時代の中の間氷期である。
氷河性堆積物	氷河に関連して形成された堆積物。氷縞粘土、モレーン堆積物、氷河湖堆積物などで、後2者は氷河性ダイアミクタイトと呼ばれることがある。
氷縞粘土層	氷河末端の湖に堆積した縞状の粘土泥岩層。季節変化を反映して冬に粘土層、夏に泥層が、ミリメーター単位で互層している。
氷床	広い陸地を一面に厚い氷が覆っている場合の氷体全体で、南極大陸とグリーンランドが代表的。他にパタゴニアやアラスカなどでも小規模のものが知られている。
ファマティニアン造山帯	ペルーアンデスの西に分布する古生代前期（4.8〜4.3億年前）の造山帯。
フィヨルド	海に流入する氷河が、温暖期に氷が無くなってできた、谷型の深く狭い湾。
フェラー粗粒玄武岩	南極横断山脈に広く分布するジュラ紀の火成岩で、岩床として産出するので玄武岩の半深成岩である粗粒玄武岩になっている。
付加体	プレート収束域に集積される陸側プレート起源の堆積物や海側プレート上の堆積物の集積体。プレート収束運動を反映して複雑な構造を持つ。
複合変動帯	時代の異なる複数の変動を含む変動帯。
不整合	下位の地層が堆積後に削剥を受け、その上に堆積した地層があるときに、両地層の関係をいう。下位の地層群と上位の地層群の間の時期に造山運動が行われた場合などがよく例示される。

伏角	測定地点や定方位岩石サンプル等で測定される測定時点における地球磁力線の傾きの角度。敏感な磁石の針が傾く角度でもある。
ブラジリアン造山帯	南米に広く発達する 6.5 〜 5 億年前変動でアフリカのパンアフリカ変動と共にゴンドワナランド形成の変動。
プルームテクトニクス	マントル全体の流動と組成の変化及びそれらの地球表層と核への影響過程。プレートテクトニクスに大きな影響を及ぼしている。
プレート	リソスフェアと同義。
プレートテクトニクス	地球表層全てを覆うプレートとその下位のアセノスフェアの動きと相互作用。地殻表層の巨大地質事件の全てについての主な原因となっている。
偏角	測定地点や定方位岩石サンプル等で測定される測定時点における地球磁力線の水平方向と測定時点での地理上の北極方向との角度。
ベンガル湾扇状地	ベンガル湾に流入するガンジス河の扇状地。世界最大の扇状地で 14000 m を超す厚い堆積物からなる。
ベンガル湾堆積物	ベンガル湾に流入するガンジス河の扇状地堆積物。世界最大の規模で長さ 3000km、幅 1500km、14km を超す厚い堆積物。
変成作用	既存の岩石がその岩石生成の物理・化学条件と違う条件を被って構成鉱物が変化したり、岩石組織が変わったりする作用。
変動帯	地殻変動が行われた地帯で、一般には造山帯と同義である。複数の同時代の造山帯を含む地帯に対して用いられることも多い。
片麻岩	石英・長石の多い白っぽい粗粒の変成岩で黒雲母などの有色鉱物の集合体が葉片状あるいは縞状の平行分布（片麻状構造）を示す岩石。通常は泥質堆積岩などが強い変成作用を受けて形成される。
縫合帯	プレートとプレートの境界、しばしば大陸内の過去のプレート境界に対して使われる。
包有岩	火成岩体中に産出する異質の岩片、火成岩が貫入するときに周囲の岩石を取り込んだもの。
北米地塊	北米の先カンブリア代基盤地塊で、アパラチア山脈とコルディレラを除く内陸台地〜低地でグリーンランドを含む。
ホットプルーム	マントル全体の内でロート状の地震波低速度部分。高温低比重のマントル部分が上部に向けて流動している（プルームとなっている）部分。
マグマ	岩石が熔融した流体物質で地下深部で発生する。熔解場所より低温のところに貫入あるいは地上に噴出して固結して火成岩になる。

マントル	地球内部で地殻と核の間の 2300km ほどの厚さの層。橄欖岩質の物質から成る。浅部から深部に向かって上部マントル - 漸移層 - 下部マントルと、構成物質が高密度のものに変わっている。
ミグマタイト	変成作用で既存の岩石が部分溶融して片麻岩～花崗岩様の岩石に変化したもの、第 1 章脚注 23 参照。
南チベットディタッチメントシステム	ヒマラヤのテチスヒマラヤ帯と高ヒマラヤ帯を画する正断層群。チベット南部のエベレスト地域北部で最初に確認・報告された。
南中国クラトン	南中国地塊と同義。
南中国楯状地	秦嶺構造帯 (中国中央構造帯) より南の楯状地で、北方の揚子地塊と南方のカタイシア地塊からなる。
南中国地塊	中国中央構造帯より南で、南中国地塊とカタイシア地塊を併せて呼ぶ場合が多い。
ミランコビッチ	セルビアの地球物理学者。地球の気候変動について、太陽系の運動のわずかの揺らぎが、氷期／間氷期などの地球の大きな周期的気候変動をもたらしているというミランコビッチサイクルを示した。
モーソンクラトン	南～西オーストラリアと東南極のウィルクスランドとその南方の先カンブリア代地塊が一体であったとの推定から想像される古大陸の地塊。
モナザイト	希土類金属のリン酸塩鉱物、ウランをかなり含むので年代測定によく利用される。
モラッセ	造山運動によって上昇しつつある山脈の侵食により、前縁盆地に堆積する砕屑岩体。
ユーラメリカ	ヨーロッパと北米が合体した古生代の巨大大陸。
雪玉地球	地球が雪で包まれたように真っ白になった状態を想像した言葉、スノーボールアースと同義。
横ずれ断層	断層面を挟んで両側の地質が水平にずれるような断層。
ラージマハール	インド北東部に分布する白亜紀初期の台地玄武岩。インド洋はるか南方のケルゲルン海台を作る巨大玄武岩活動との近縁関係が認められている。
ラサ地塊	チベット高原の最南端で、ヒマラヤの北東に平衡に走る先カンブリア代地塊で南北 250km ×東西 1500km ほどの広さがある。
落下スラブ	滞留スラブの下部で構成鉱物が高密度鉱物に変化し、下部から剥がれて沈降していくスラブ。
リーケ海	4 億年前のユーラメリカの完成後にユーラメリカとゴンドワナの間に広がった大洋で、3.3 億年前頃の両巨大大陸の衝突によって消滅した。

リオ・デラ・プラタクラトン	南米南東部ラプラタ河中〜下流域の先カンブリア代基盤地塊。
陸塊列	大まかに連なった状態になっている複数の陸塊の全体。
陸橋	海で隔てられた陸片と陸片を結ぶ陸地で通常は狭い幅あるいは島列で動物が通行できるもの。
陸橋説	大陸は移動しないが、陸橋のために動物が移動できたと考える学説、第1章1参照。
陸弧	陸域を含むプレート収束帯で陸側に発達する火山活動域
陸棚	大陸棚と同義。
リソスフェア	岩圏あるいは岩石圏と訳され、アセノスフェアより上位のマントル最上部と地殻を含む数十〜100kmの厚さを持つ部分。プレートと同義。
リフト	地殻が正断層によって細長く沈んだ地形を云う。地殻深部に達する引っ張り応力によって形成され、アセノスフェアからの火山活動が伴われる。巨大なものでは中央海嶺の中央谷やアフリカのリフトバレーがある。
流体外核	地球深部、2900〜5100kmで、上位のマントルと下位の内核の間を占める鉄とニッケルを主成分とする流体の部分。最深部の温度は6000℃前後で、圧力の高い5100km以深では地球中心の6400km深まで固体の内核である。
領家変成帯	西日本から関東地方にかけて日本列島の中央部に連続して分布する変成岩の地帯で、多量の花崗岩が伴われている。高温・低圧型の変成作用を被っている。
レムール猿	原猿類のキツネ猿。マダガスカルに特徴的に生息する。同じ原猿類のロリスやメガネ猿は東南アジアやインドにも生息する。
レムリア大陸	インドとマダガスカルが陸橋で繋がっていたとされた仮想大陸で、両地域に共通してキツネ猿（レムール）と近縁の原猿類が棲息することから名づけられた。
ローラシア	ローレンシア、バルチカとシベリア地塊が3億年前ころに合体した巨大大陸。パンゲアの北半分を構成した。中国地塊はまだ入っていない。
ローレンシア	北米大陸の先カンブリア代基盤地域。
ロス造山帯	東南極太平洋縁辺の初期古生代造山帯。南極横断山脈の基盤を構成している。
ロス累層群	南極横断山脈に広く分布する原生代後期〜古生代前期の地層群。ロス造山運動を被って変形・変成作用を受けている。
ロディニア	11〜7億年前頃に実在していた超大陸。第4章1参照。
ロディニア超大陸	ロディニアと同義。

事項索引

人名索引

著者紹介

吉田　勝（よしだ　まさる）

1937年東京生まれ。1961年北海道大学理学部及び山岳部卒業、1968年同大学博士課程単位取得退学。1968年〜1970年第十次日本南極観測隊で越冬観測。1971年より大阪市立大学勤務、1991年より理学部教授、2001年退職。1995年国際ゴンドワナ研究連合を設立し初代会長、1997年に国際学術誌 Gondwana Research を創刊し初代編集長を務めた。現在はゴンドワナ地質環境研究所会長、ネパール国立トリブバン大学名誉教授、国際ゴンドワナ研究連合名誉会長、理学博士。2012年より学生のヒマラヤ野外実習プロジェクト世話人会代表として毎年プロジェクトの実施責任を持ち、実習ツアーチームの引率・指導を行っている。

主な著編書

インド・スリランカ・南極のグラニュライト（英文、フィールドサイエンス出版、1995年）
インドと南極の先カンブリア代地質対比（英文、インド地質学会、1995年）
マダガスカルとゴンドワナランド（英文、雑誌特集号、国際ゴンドワナ研究連合、
　　1999年）
ロディニア・ゴンドワナの集合と分裂（英文、雑誌特集号、国際ゴンドワナ研究連合、
　　2003年）
東ゴンドワナの原生代事件（英文、英国地質学会、2003年）
ネパール、カリガンダキ河に沿う地質と自然災害（英文、トリブバン大学、2005）
東ネパール、エヴェレスト地域のエコトレッキング（英文、トリブバン大学、2011年）
迫りくる地球寒冷化と成長の限界（英文翻訳、Xlibris, 2012年）
21世紀地球寒冷化と国際変動予測（翻訳、東信堂、2015年）
ネパールのシニアボランティア2年間（フィールドサイエンス出版、2016年）
ヒマラヤ造山帯大横断2022（フィールドサイエンス出版、2022年）

6億年前、地球に巨大大陸があった
――ゴンドワナランドの集合・分裂とアジア大陸の成長

2023年12月15日　　初　版第1刷発行　　　　　　　　　〔検印省略〕
　　　　　　　　　　　　　　　　　　　　　　　定価は表紙に表示してあります。

著者©吉田勝／発行者　下田勝司　　　　　　　　　印刷・製本／中央精版印刷

東京都文京区向丘 1-20-6　　郵便振替 00110-6-37828
〒113-0023　TEL (03)3818-5521　FAX (03)3818-5514
　　　　　　　　　　　　　　　　　　　　　　　　　発 行 所
　　　　　　　　　　　　　　　　　　　　　　　株式会社 東信堂
Published by TOSHINDO PUBLISHING CO., LTD.
1-20-6, Mukougaoka, Bunkyo-ku, Tokyo, 113-0023, Japan
E-mail : tk203444@fsinet.or.jp　http://www.toshindo-pub.com

ISBN978-4-7989-1800-6　C3044　　© YOSHIDA Masaru

東信堂

6億年前、地球に巨大大陸があった —ゴンドワナランドの集合・分裂とアジア大陸の成長	吉田 勝	二〇〇〇円
21世紀地球寒冷化と国際変動予測	丸山 茂徳／吉田勝徳 訳著	一六〇〇円
3・11本当は何が起こったか：巨大津波と福島原発 —科学の最前線を教材にした暁星国際学園「ヨハネ研究の森コース」の教育実践	丸山茂徳 監修	一七一四円
緊迫化する台湾海峡情勢 —台湾の動向二〇一九〜二〇二一年	門間理良	三六〇〇円
ウクライナ戦争の教訓と日本の安全保障	松村五郎 著	一八〇〇円
「ソ連社会主義」からロシア資本主義へ —ロシア社会と経済の100年	神余隆博 著／岡田 進	三六〇〇円
パンデミック対応の国際比較	川上高司 編著／石井貫太郎	二〇〇〇円
リーダーシップの政治学	石井貫太郎	一六〇〇円
2008年アメリカ大統領選挙 —オバマの当選は何を意味するのか	前嶋和弘 編著	二六〇〇円
オバマ政権はアメリカをどのように変えたのか —支持連合・政策成果・中間選挙	吉野 孝／前嶋和弘 編著	二四〇〇円
オバマ政権と過渡期のアメリカ社会 —選挙、政党、制度、メディア、対外援助	吉野 孝／前嶋和弘 編著	二六〇〇円
オバマ後のアメリカ政治 —二〇一二年大統領選挙と分断された政治の行方	吉野 孝／前嶋和弘 編著	二五〇〇円
危機のアメリカ「選挙デモクラシー」 —社会経済変化からトランプ現象へ	吉野 孝／前嶋和弘 編著	二七〇〇円
ホワイトハウスの広報戦略 —大統領のメッセージを国民に伝えるために	M・J・クマー／吉牟田 剛 訳	二八〇〇円
「帝国」の国際政治学 —冷戦後の国際システムとアメリカ	山本吉宣	四七〇〇円
地球科学の歴史と現状	都城秋穂	三六〇〇円
都城の歩んだ道：自伝 —［地質学の巨人 都城秋穂の生涯］	都城秋穂	二九〇〇円

※定価：表示価格（本体）＋税　〒113-0023　東京都文京区向丘1-20-6　TEL 03-3818-5521　FAX03-3818-5514
Email tk203444@fsinet.or.jp　URL:http://www.toshindo-pub.com/

東信堂

国際法・外交ブックレット

ベーシック条約集〔二〇二三年版〕	編集 浅田正彦	二六〇〇円
ハンディ条約集〔第2版〕	編集 浅田正彦	一六〇〇円
国際法〔第5版〕	代表編集 浅田正彦	三〇〇〇円
国際環境条約・資料集	浅田正彦編著	三八〇〇円
国際人権条約・宣言集〔第3版〕	編集 松井・薬師寺・坂元・高村・西村・德川	三三〇〇円
国際機構条約・資料集〔第2版〕	編集代表 香西・安藤・坂元・小畑・德川	三八〇〇円
判例国際法〔第3版〕	編集代表 浅田・酒井	三九〇〇円
国際法新講〔上〕〔下〕	田畑茂二郎	各八四〇〇円〔上〕〔下〕
ウクライナ戦争をめぐる国際法と国際政治経済	浅田正彦・玉田大 編著	二六〇〇円/二七〇〇円〔上〕〔下〕
現代国際法の潮流 I・II【坂元茂樹・薬師寺公夫両先生古稀記念論集】	編集 薬師寺公夫・坂元茂樹	八一〇〇円/六二〇〇円
21世紀の国際法と海洋法の課題	田中則夫	七八〇〇円
国際海洋法と海洋法の現代的形成	編集 薬師寺公夫・山西村	六八〇〇円
在外邦人の保護・救出――朝鮮半島と台湾海峡 有事への対応	武田康裕編著	四二〇〇円
国際海峡	坂元茂樹	四六〇〇円
条約法の理論と実際	坂元茂樹編著	四二〇〇円
グローバル化する世界と法の課題	編集 松田竹男・田中則夫・薬師寺公夫・坂元茂樹	八三〇〇円
現代国際法の思想と構造 I ――歴史、国家、機構、条約、人権	編集 松井芳郎・木棚照一・薬師寺公夫・山形英郎	六二〇〇円
現代国際法の思想と構造 II ――環境、海洋、刑事、紛争、展望	編集 松井芳郎・木棚照一・薬師寺公夫・山形英郎	六八〇〇円
日中戦後賠償と国際法	浅田正彦	五二〇〇円
国際環境法の基本原則	松井芳郎	三八〇〇円
北極国際法秩序の展望：科学・環境・海洋	稲垣治・柴田明穂 編著	五八〇〇円
通常兵器軍縮論	福井康人	三六〇〇円
大量破壊兵器と国際法	阿部達也	五七〇〇円
サイバーセキュリティと国際法の基本 国連における議論を中心に	赤堀毅	二〇〇〇円
為替操作、政府系ファンド、途上国債務と国際法	中谷和弘	一〇〇〇円
イランの核問題と国際法	浅田正彦	一〇〇〇円
もう一つの国際仲裁	中谷和弘	一〇〇〇円
化学兵器の使用と国際法――シリアをめぐって――	浅田正彦	一〇〇〇円
国際刑事裁判所――国際犯罪を裁く――	尾﨑久仁子	一〇〇〇円

※定価：表示価格（本体）＋税

〒113-0023　東京都文京区向丘1-20-6　TEL 03-3818-5521　FAX03-3818-5514
Email tk203444@fsinet.or.jp　URL:http://www.toshindo-pub.com/

※定価：表示価格（本体）＋税　　〒113-0023　東京都文京区向丘1-20-6　TEL 03-3818-5521　FAX03-3818-5514
Email tk203444@fsinet.or.jp　URL:http://www.toshindo-pub.com/